Cuadernos de lógica, epistemología y lenguaje

Volumen 16

Dilucidando π

Irracionalidad, trascendencia y cuadratura del círculo en Johann Heinrich Lambert (1728-1777)

Volumen 5
Lógica dinámica epistémica para la evidencialidad negativa. Las partículas negativas lā/ ʾal en ugarítico
Cristina Barés Gómez

Volumen 6
La Lógica como Herramienta de la Razón. Razonamiento Ampliativo en la Creatividad, la Cognición y la Inferencia
Atocha Aliseda

Volumen 7
Paradojas, Paradojas y más Paradojas
Eduardo Barrio, editor

Volumen 8
David Hilbert y los fundamentos de la geometría (1891-1905)
Eduardo N. Giovannini

Volumen 9
Henri Poincaré. Del Convencionalismo a la Gravitación
María de Paz

Volumen 10
Innovación en el Saber Teórico y Práctico
Anna Estany y Rosa M. Herrera

Volumen 11
El fundamento y sus límites. Algunos problemas de fundamentación en ciencia y filosofía.
Jorge Alfredo Roetti y Rodrigo Moro, editores

Volumen 12
Una introducción a la teoría lógica de la Edad Media
Manuel A. Dahlquist

Volumen 13
Aventuras en el Mundo de la Lógica. Ensayos en Honor a María Manzano
Enrique Alonso, Antonia Huertas y Andrei Moldovan, editors

Volumen 14
Infinito, lógica, geometría
Paolo Mancosu

Volumen 15
Lógica, Conocimiento y Abducción. Homenaje a Ángel Nepomuceno
C. Barés Gómez, F. J. Salguero Lamillar and F. Soler Toscano, editores

Volumen 16
Dilucidando π. Irracionalidad, trascendencia y cuadratura del círculo en Johann Heinrich Lambert (1728-1777)
Eduardo Dorrego López and Elías Fuentes Guillén. With a preface by José Ferreirós

Dilucidando π

Irracionalidad, trascendencia y cuadratura del círculo en Johann Heinrich Lambert (1728-1777)

Eduardo Dorrego López
Elías Fuentes Guillén

with a preface by
José Ferreirós

ISBN 978-1-84890-359-3

College Publications
Scientific Director: Dov Gabbay
Managing Director: Jane Spurr http://www.collegepublications.co.uk

Cover produced by Laraine Welch

Índice general

Agradecimientos

Eduardo Dorrego López quiere expresar su agradecimiento al IMUS, institución en la que es actualmente estudiante de doctorado en Historia de las Matemáticas en el programa «Doctorado en Matemáticas» (línea de investigación en Análisis Matemático), así como a su tutor Guillermo Curbera y especialmente a su director José Ferreirós, por la ayuda recibida. Así mismo, a colegas, colaboradores y amigos por sus consejos, especialmente a Ana Isabel López Braña por su ayuda con el idioma. Finalmente, a Anita, Modesto, Ana, María, Alejandro, Julia, Luisa y al resto de su familia por su diario, incondicional e inagotable amor.

Elías Fuentes Guillén quiere agradecer, ante todo, a Eduardo Dorrego López por la invitación para formar parte de este proyecto, así como a José Ferreirós por todo el apoyo que les brindó para la realización del mismo. Además, Elías desea expresar su profundo agradecimiento a Alejandrina, Hortensia, Elías, Hortencia y al resto de su familia y amigos que estuvieron con él y le brindaron tanto amor durante los meses sumamente complicados en los que trabajó en este libro, así como a todo el personal médico y hospitalario que mientras tanto le atendía, comenzando por el Dr. Francisco Javier Mancilla Mejía y su equipo.

Para la elaboración de este libro, Elías Fuentes Guillén contó con el apoyo del Filosofický ústav Akademie věd České republiky, y el Kabinet pro studium vědy, techniky a společnosti, a través del proyecto postdoctoral «Bernard Bolzano: philosophical and mathematical problems of the continuum» (PPPLZ-L300092052). En particular, Elías desea agradecer a Jan Balon, Jan Maršálek y Davide Crippa por el respaldo incondicional que le han brindado.

Ambos autores desean dar las gracias a los editores de la Serie «Cuadernos de lógica, Epistemología y Lenguaje», de College Publications, Shahid Rahman y Juan Redmond, así como al Editor Asistente de la misma, Rodrigo López Orellana, y a Jane Spurr por toda su ayuda para la publicación del libro.

Prefacio

El siglo XVIII es una época fascinante, entre otras cosas por lo diferente que era el panorama social e intelectual de aquello a lo que estamos acostumbrados. No existían las disciplinas científicas tal como las conocemos, ni siquiera había una frontera fuerte entre las 'ciencias' y las 'letras'; no había científicos, sino 'sabios' o 'eruditos' que se dedicaban tanto a la filosofía o las lenguas como a otros temas; las matemáticas incluían cuestiones de ciencia experimental o aún de ingeniería (astronomía, mecánica, fortificación, balística, etc.); y el lugar de las ciencias no era la universidad, sino las Academias, e incluso los salones de la alta burguesía y la nobleza. Muchos científicos no habían disfrutado de una educación formal, sino que eran autodidactos: tal es el caso de Lambert.

Esas enormes diferencias con respecto a nuestro especializado presente son clave para entender los trabajos que se recogen en este libro, cuidadosamente preparado por Eduardo Dorrego y Elías Fuentes Guillén. El autor, nacido en Alsacia[1] pero académico en Berlín, nos regala dos escritos enteramente diferentes: un concienzudo tratado matemático donde se demuestra la irracionalidad de π y de e (y sus potencias), además de conjeturarse —por vez primera en la historia— que son números transcendentes; y un escrito divulgativo para ilustración de aquellos que pudieran sentir la tentación de cuadrar el círculo. Los dos trabajos fue-

[1]Mulhouse era una ciudad asociada a la Confederación Helvética, una pequeña república calvinista, no parte de Francia.

ron preparados entre 1766 y 1767, pero uno se imprimió en 1768 en las Memorias de la Academia Real de Ciencias de Berlín, mientras el otro apareció en 1770 en el volumen II de un libro titulado *Contribuciones al Empleo de las Matemáticas y a sus Aplicaciones*. La intención divulgativa de este segundo escrito es obvia desde la primera página, y destaca su estilo irónico; Lambert se contentó aquí con dar argumentos heurísticos y esbozos de una posible demostración. La ciencia como avance de las fronteras del saber, y como ilustración del espíritu humano: dos aspectos fundamentales de la concepción abierta y profunda del siglo XVIII.

Johann Heinrich Lambert es conocido entre los matemáticos, sobre todo, por su trabajo sobre el número π, aunque se le suele considerar como una figura de segunda y se conoce muy poco su obra. En un artículo publicado hace 40 años, Gray y Tilling discutían la figura de Lambert, presentándolo como un personaje «poco conocido, y sin embargo interesante» del siglo XVIII, que en su opinión merecía una revisión de conjunto.[2] En su tiempo, sin embargo, fue tenido por figura de primerísimo nivel, influyendo mucho en personas de la talla de Gauss y Kant, y su obra fue admirada por la profundidad y la amplitud de su saber. Se rumoreaba que el mismísimo Euler podría haber abandonado la Academia de Berlín a causa de Lambert (aunque parece que no se debió a conflictos intelectuales sino a cuestiones de gestión). Sólo estos datos deberían bastar para despertar el interés.

Profundizo en dos de ellos. Gauss poseía muchas de las obras de Lambert, que seguramente estudió con cuidado en su juventud; los buenos conocimientos que tenía sobre los métodos cuantitativos de la física matemática y los métodos prácticos de cálculo[3] (algo que en su tiem-

[2]Ver [Gray et al. 1978].

[3]Se dice que las tablas de logaritmos de Lambert fueron una compañía constante para él, y de hecho tuvieron que ver con su temprano interés por la distribución de los números primos; este tipo de tablas constituían un instrumento de trabajo imprescindible en el día a día. Ver el trabajo 'Logarithmentafeln - Gauss' „tägliches

po tenía gran relevancia) se explican en gran medida por la influencia de Lambert. Además, es muy probable que las ideas de Lambert sobre geometría hiperbólica guiaran los pensamientos del joven Gauss.[4] En cuanto a Kant, ambos sostuvieron una correspondencia desde 1765, momento en que Kant le consideraba «el primer genio de Alemania», y sus ideas tuvieron tanta relevancia para el famoso filósofo que consideró seriamente poner a Lambert en la dedicatoria de la *Crítica de la Razón Pura*.[5]

La dificultad de valorar a Lambert, y la razón por la que fue olvidado en el siglo XIX, es justo que era profundamente un hombre de la Ilustración. No era un 'especialista', sino todo lo contrario: filósofo no menos que científico, contribuyó a todas las ciencias de su tiempo; durante su actividad en las Academias de Munich y de Berlín, realizó contribuciones a todas las diferentes «clases» que abarcaban. Se ha dicho que, en lo bueno y en lo malo, era un perfecto ejemplo del erudito del siglo XVIII, que escribe sobre Dios y el mundo, sobre todos los temas posibles: matemáticas, ciencia experimental, filosofía, lenguas e historia. Autodidacta, muy independiente o aún testarudo en su forma de pensar y decisiones científicas, fue además un convencido impulsor del alemán como idioma científico y filosófico; pero eso causó precisamente que sus ambiciosos trabajos fueran mal conocidos. Veremos cómo una justa valoración de sus obras más admiradas bien podría requerir una visión tan amplia como la que imperó entre los ilustrados.

Los lectores encontrarán extenso material biográfico en el cap. 1 de este libro, obra de Eduardo Dorrego, y podrán admirar y divertirse con las genialidades del sabio de Mulhouse. Su primera interacción con Federico

---

Arbeitsgeräth" de Karin Reich, p. 44 (en *„Wie der Blitz einschlägt, hat sich das Räthsel gelöst". Carl Friedrich Gauss in Göttingen*, ed. por Elmar Mittler, Göttingen, Bibliothek, 2005).

[4]Ver [Abardia et al. 2012].

[5]Parece que, si abandonó esa idea, fue por la temprana muerte de Lambert en 1777, cuatro años antes de la primera edición de la *Crítica*.

II de Prusia no tiene desperdicio, como tampoco lo tienen las impresiones que tuvieron de él grandes personajes como Lagrange. Admitamos que el genial Lambert era un tipo raro, al que hoy nos apresuraríamos a considerar un Asperger, lo cual quizá podría ayudar a entender algunas de las peculiaridades del caso. En su trayectoria científica, fue un *Einzelgänger*, un lobo solitario: prefirió muy a menudo temas fuera del *mainstream*, pero aún así hizo muy importantes contribuciones. Como persona, Lambert era un librepensador, un ilustrado de tendencia deísta (algo habitual en las zonas de habla alemana) y un autor esencialmente independiente. Quien mejor lo ha descrito es John Heilbron en las frases que cita Eduardo Dorrego en pág. 1:

> Polímata autodidacta, tomó como su principal guía la aplicación de las matemáticas a la física e incluso a la metafísica [...] Habló como un igual con Leonhard Euler y Georg Brander, respectivamente el matemático y el constructor de instrumentos más destacado de Alemania. En una palabra, fue el perfecto físico matemático: los matemáticos lo consideraban un experimentalista con un 'extraño talento para aplicar cálculos a los experimentos;' los experimentalistas lo creían un matemático con una comprensión inusual del comportamiento de los instrumentos.

La sorpresa que pudieron sentir sus contemporáneos es muy comprensible, porque en el Siglo de las Luces casi no hubo verdaderos físicos matemáticos: era muy raro encontrar una combinación bien lograda de capacidades experimentales y habilidades matemáticas, al estilo de Galileo o de Newton (que fueron casos excepcionales: para que ello se generalizara hubo que esperar a las innovaciones del siglo XIX en la enseñanza universitaria). Y Lambert, no contento con esa proeza, añadía el ser todo un filósofo. «Todo ello, trabajando desde las cinco de la mañana hasta las doce de la noche, con un descanso de dos horas al mediodía.»

Por aclarar lo que acabamos de decir, vale la pena citar algunas de sus contribuciones propiamente científicas y resaltar cómo quedan fuera de los temas principales de su tiempo. Desarrolló los métodos fotométricos e introdujo la noción de 'albedo', formulando también la Ley del Coseno en Óptica (en lugar de publicar sobre electricidad); hizo un importante trabajo sobre los cometas en astronomía (pero nada en mecánica racional); diseñó un higrómetro, entre otras cosas, gracias a su magnífico conocimiento del diseño de instrumentos; contribuyó con un gran trabajo sobre la representación en mapas, cartografía, que incluye la proyección conforme de Lambert; y el lector sabrá de su anticipación de la geometría no euclidiana y su trabajo sobre π (pero no llegó a publicar avances fundamentales en cálculo infinitesimal).

Convendría hablar algo de la filosofía de Lambert, que impresionó a Kant justo en la época de su despertar del dogmatismo racionalista y su transición al criticismo. Pero la verdad es que, a mi entender, las ideas filosóficas de Lambert están mal valoradas y esperan todavía una interpretación justa. Se suele decir que fue un seguidor de la escuela leibniziano-wolffiana, pero este tipo de etiquetamientos nos ayudan muy poco a comprender, no ya los detalles, sino incluso los grandes rasgos de un pensamiento. El propio Lambert prefirió indicar que en su filosofía se encontraban elementos de Wolff y otros de Locke, pero ¿es posible realizar una síntesis coherente de empirismo y racionalismo?[6] Claro que hay formas, y de hecho alguna combinación de ese tipo parecía imprescindible a quienes trabajaban en filosofía con la vista puesta en los métodos científicos. Un ejemplo del enfoque de Lambert: cuando en su *Neues Organon* de 1764 estudia los «conceptos simples» que son la base de todo, su análisis no parte de ideas *a priori* como esperaríamos de un racionalista, sino que tiene una base fenomenológica:[7] la experiencia da el

[6]El gran ilustrado Wolff, cuyo impacto sobre el mundo filosófico y matemático de habla alemana resultó enorme (piénsese que la terminología filosófica y matemática fue acuñada por él, en gran medida), tampoco fue un simple epígono de Leibniz.

[7]La «Fenomenología» es de hecho una de las cuatro secciones del «Nuevo Or-

punto de partida, y es por análisis del contenido de nuestra experiencia que se llega a los conceptos básicos. Lambert estaba convencido de que tal contenido no es cognoscible al margen de lo empírico, pero a la vez tiene la forma que tiene debido a elementos *a priori* que impone el entendimiento; no es de extrañar que Kant sintiera una gran afinidad con sus ideas. Así, puestos a simplificar, y mirando el asunto desde la perspectiva científica, podríamos decir que la teoría del conocimiento de Lambert permitía una lograda combinación de newtonianismo y leibnizianismo.

En cuanto a las matemáticas, fueron muchas las aportaciones de importancia del pensador alsaciano: series infinitas, fracciones continuas, un trabajo de geometría que prefigura a Monge, las funciones trigonométricas hiperbólicas, aplicaciones conformes, etc. etc. Consideremos por ejemplo el contenido de las *Contribuciones al Empleo de las Matemáticas y a sus Aplicaciones* (3 vols.): el Vol. I (1765) trata temas de geometría práctica y trigonometría, así como una interesante contribución a la teoría de los errores (análisis sistemático de la confiabilidad de las observaciones y los resultados experimentales); el Vol. II (1770) lleva contribuciones al álgebra y análisis, incluyendo la pieza sobre π, pero también estudios de gnomónica y las tablas lunares de Mayer;[8] el Vol. III (1772) discute problemas cartográficos, órbitas de los cometas, arquitectura, tasas de mortalidad... Se puede pensar, desde luego, que no fue un matemático de rango mundial como sus colegas Euler o Lagrange; eso resulta claro. En realidad, es interesante pensar en Lambert como

ganon»; dicha palabra, que tendrá luego enorme impacto, fue acuñada por Lambert. Esas cuatro secciones eran la «Dianoiología» o doctrina de las leyes generales del pensamiento (donde su enfoque lógico está cerca de los leibnizianos), la «Alethiología» o doctrina de la verdad, donde como hemos dicho desconfía de los sistemas categoriales trazados *a priori* y elige un enfoque empírico-analítico; la «Semiótica» o teoría de los signos (otro término acuñado por él y con gran futuro), y la «Fenomenología» o doctrina de las apariencias.

[8]Por cierto, se sabe que Gauss leyó el vol. II de *Beyträge* en 1795, y lo compró en 1800 (Gauss-Bibliothek, n° 53).

un matemático aplicado y físico matemático, más que un matemático puro.

Pero sería un error concluir que no se interesó también por cuestiones 'puras': de hecho, en temas lógicos y de fundamentos es donde sus aportaciones son más originales y miran hacia el futuro, por decirlo así.

Aquí nos interesa sobre todo la concepción de Lambert sobre los fundamentos de la teoría del número y de la geometría, lo que podría llamarse la metafísica del número y la del espacio. Es indicativo que su gran admirador Johann III Bernoulli (editor de sus escritos y secretario de la Acad. Real de Berlín) considerara que todos sus trabajos podían clasificarse como pertenecientes o bien al ámbito físico-matemático, o bien a la lógica.[9] Lo admiraba como un filósofo con extraordinaria disposición para el pensamiento lógico, «el mayor lógico» de su siglo, y así sigue siendo considerado aún hoy.[10] ¿Cómo entender lo que dice Bernoulli sabiendo que su trabajo incluye una gran cantidad de labor experimental? No hay incompatibilidad, sólo debemos recordar que la rúbrica 'matemáticas', en aquellos tiempos, incluía sin problemas a todas las 'ciencias' matematizadas (la fotometría, la cartografía, la arquitectura, etc.). Nuestra idea purista de las matemáticas es hija del siglo XIX, otra vez, y se aleja de la concepción ilustrada.

El sistema de Lógica de Lambert fue importante en su momento. Sin conocer gran cosa de los intentos de Leibniz, sólo basándose en la idea general de un álgebra del pensar, Lambert desarrolló cálculos muy comparables a los de Leibniz, logrando un sistema lógico elegante y eficiente. Los signos '=' y '+' se empleaban a la manera de Leibniz y de Boole,

---

[9] Introducción de Bernoulli a J. H. Lambert, *Logische und philosophische Abhandlungen*, vol. 1 (Berlin, 1782), pág. x.

[10] En la *Britannica* online puede leerse: «The greatest 18th-century logician was undoubtedly Johann Heinrich Lambert.» Ver `https://www.britannica.com/topic/history-of-logic/The-18th-and-19th-centuries` (artículo obra de Hintikka y Spade, consultado el 18/08/2020).

siendo + una unión de conceptos disjuntos o excluyentes; ahora bien, no era un cálculo de tipo extensional como el de Boole, sino intensional (los términos denotan conceptos, no cosas ni clases de individuos).[11] Para expresar que «Todo A es B», Lambert escribe '$a = mb$', esto es, el concepto conocido a es idéntico a la conjunción de b y un concepto indeterminado m (idea muy similar a la de Boole); en su sistema, distinguía cuidadosamente entre los conceptos conocidos, los indeterminados y los que son estrictamente desconocidos. Más interesante aún, prestó atención a las relaciones (ejemplo: 'es el padre de') y a cómo afectaría su consideración en lógica; introdujo un modo de expresar nociones relacionales mediante funciones: '$i = \alpha :: c$' indica que i es el resultado de aplicar una función unaria α al concepto c. Sería muy interesante saber si autores como Frege o Dedekind habían leído a Lambert, ya que la introducción de relaciones y la incorporación a la lógica de la idea matemática de función fueron la clave de las innovaciones de finales del siglo XIX.[12]

Pero lo cierto es que el sistema de cálculo lógico de Lambert, pese a sus logros y a pesar de haber influido en Moritz W. Drobisch (y, por su mediación, quizá en Boole), no fue decisivo en los siguientes progresos de la lógica matemática. Me permito sugerir que el mejor resultado de la extensa ocupación de Lambert con la Lógica fue el impacto que tuvo en algunas de sus contribuciones a los fundamentos de las matemáticas: su visión de la geometría, axiomática y 'moderna', y el enfoque de su trabajo sobre π, inusualmente riguroso.

---

[11] *Sechs Versuche einer Zeichenkunst in der Vernunftlehre* (1777) «Seis intentos de un método simbólico para la teoría de la razón». Incluido en *Logische und philosophische Abhandlungen*, vol. 1 (Berlin, 1782).

[12] La lógica de Aristóteles tiene la grave limitación de trabajar sólo con predicados monádicos (por ejemplo, 'es mortal' o 'es un mamífero') y no puede gestionar la lógica de las relaciones. Las nociones de relación y función son innovaciones clave de los siglos XVIII al XX; ver por ejemplo el famoso libro de Ernst Cassirer, *Substance and Function* (1910).

Acerca del número π, baste enfatizar aquí algunos puntos clave, ya que el lector puede encontrar todo lujo de detalles en las traducciones y estudios que encontrará más adelante. Lo que más llama la atención son dos elementos: que Lambert concibiera una demostración lógicamente estricta de la irracionalidad de π, casi sin lagunas, en un tiempo que no se caracterizaba precisamente por la adhesión al rigor (60 años antes de Cauchy); y que diera el paso de introducir la distinción entre irracionales algebraicos y trascendentes, que marcará el futuro del tema, pero que tardó mucho en ser adoptada por otros matemáticos, con la excepción de Legendre (desde 1840, aproximadamente, la recogen Liouville, Dirichlet y otros). Hoy no nos damos cuenta de lo incompleta que era la noción que se tenía de los números reales en torno a 1800: se pensaba sólo en irracionales cuadráticos, números como $\sqrt{2}$, $\sqrt[3]{5}$, o a lo sumo del tipo $\sqrt{2+\sqrt{3}}$, pero Lambert dio un paso de gigante hacia una concepción correcta de la continuidad del sistema de los números reales. Fue un paso de gigante advertir que hay toda una categoría de números irracionales más allá de los algebraicos;[13] Lambert fue en esto todo un pionero. Y en cuanto al rigor de su demostración, hay buenos indicios de que tuvo influencia sobre autores clave, como pueden ser Gauss (piénsese en sus rigurosas demostraciones del teorema fundamental del álgebra, en 1799 y 1816) y Bolzano (en sus obras de 1816 y 1817, incluido el célebre trabajo sobre el teorema del valor intermedio).

En cuanto a la geometría, un gran experto como V. de Risi resalta que Lambert fue pionero en reintroducir la concepción axiomática estricta de la geometría, tras unos siglos XVII y XVIII en que se había hecho estándar la idea de que el edificio deductivo de la geometría se basa en *definiciones*, de las cuales se siguen las primeras verdades. (El círculo se definía por su génesis, como el resultado de girar un segmento en torno

[13]Se dice que un número es *algebraico* cuando es la raíz de un polinomio con coeficientes racionales, de cualquier grado (los números racionales se corresponden con las fracciones).

a su extremo que se mantiene fijo, hasta volver a la posición inicial; y de ahí se deducía 'inmediatamente' que todos los radios del círculo son iguales entre sí; también, por supuesto, se deduce inmediatamente lo que era el postulado de Euclides, que puede trazarse un círculo en torno a un punto cualquiera y con un radio igual a un segmento cualquiera.) En cambio, Lambert, en su famoso trabajo sobre la «Teoría de las Paralelas» (escrito en 1766, publicado por Bernoulli en 1786), insiste en los axiomas de la geometría, en que deben considerarse como postulados que determinan el contenido de dicha ciencia, e incluso introduce la idea de libre interpretación de las nociones básicas. Con esto se anticipa por ¡más de un siglo! a la idea que harán célebre Pasch y Hilbert; he aquí la cita clave, tomada del §. 11 de «Teoría de las Paralelas»:

> En la primera parte de esta cuestión [a saber, *si el axioma de las paralelas de Euclides puede ser derivado en sentido propio de los postulados y axiomas euclidianos*], se puede abstraer de todo lo que antes llamé la *representación de la cosa.* Y puesto que los *postulata* de Euclides y sus otros axiomas han sido expresados en palabras, se puede y se debe exigir que la demostración no apele nunca a la cosa misma, sino que sea desarrollada de modo puramente simbólico —en la medida en que ello sea posible—. A este respecto, los *postulados* de Euclides son por así decir como otras tantas ecuaciones algebraicas que uno tiene frente a sí y desde las que uno tiene que computar x, y, z, etc., sin volver a considerar la cosa misma. Mas como no son exactamente tales fórmulas, cabe conceder el dibujo de una figura como guía para la ejecución de la demostración.

Termino aquí, pues creo que ya hemos insistido bastante en el calibre del autor, un científico y pensador de primera, y el interés de sus trabajos. El lector encontrará una excelente traducción castellana de ambos, con detallados y esclarecedores estudios introductorios. Es la primera vez que, en cualquier lengua, se publican conjuntamente el trabajo divulgativo de *Beyträge* y el académico de las *Mémoires*; y creo que es una gran idea, permitiendo una doble aproximación a un tema matemático fundamental en todas las épocas. Por cierto, las confusiones entre ambas obras fueron frecuentes en el pasado, y han sido causa de algunas opiniones muy incorrectas sobre la naturaleza del trabajo matemático de Lambert. El lector de esta obra ya no podrá caer más en tales confusiones.

José Ferreirós

Capítulo 1

Johann Heinrich Lambert Una biografía en su contexto

Lambert es un caso interesante. Polímata autodidacta, tomó como su principal guía la aplicación de las matemáticas a la física e incluso a la metafísica [...] Habló como un igual con Leonhard Euler y Georg Brander, respectivamente el matemático y el constructor de instrumentos más destacado de Alemania. En una palabra, fue el perfecto físico matemático: los matemáticos lo consideraban un experimentalista con un 'extraño talento para aplicar cálculos a los experimentos;' los experimentalistas lo creían un matemático con una comprensión inusual del comportamiento de los instrumentos. Todo ello trabajando desde las cinco de la mañana hasta las doce de la noche, con un descanso de dos horas al mediodía.

- J. L. Heilbron, *Elements of Early Modern Physics.*

1.1. Introducción

El siglo XVI en Europa comienza con un acontecimiento que pasados dos siglos derivará en un cambio en la forma de concebir las cosas, y en un deseo por parte de la gente de romper los grilletes de una intolerancia opresora y empobrecedora. El 31 de octubre de 1517 en la puerta de la iglesia del castillo de Wittenberg, Martín Lutero clavaba, según dice la tradición,[1] sus famosas 95 tesis en las que ponía de relieve la necesidad de terminar con las corruptelas de una Iglesia que usaba las indulgencias como moneda de cambio. Estas prácticas ya denunciadas antes tomaron notoriedad en esta época en la que, por ejemplo, a cambio de participar en la construcción de la basílica de San Pedro uno podía librarse del purgatorio.

Con el apoyo de la imprenta, algo que en principio no preocupó demasiado a Roma se extendió rapidamente convirtiéndose en un problema incluso para el propio Lutero, ya que dio lugar a violentas revueltas que él mismo condenó. Se produce así una escisión en el conjunto de los creyentes que ven necesaria una reforma surgiendo así el protestantismo. Como reacción ante esta situación, se convoca en Trento un concilio que discurre de manera interrumpida entre 1545 y 1562, donde se discuten las posibles (contra)reformas de la Iglesia ante este nuevo movimiento. Las tensiones que eran más que evidentes derivaron en diversos conflictos, y es así como por ejemplo en ese mismo último año comienzan en Francia las Guerras de Religión entre católicos y protestantes calvinistas. La rama protestante en Francia tenía su origen en las ideas de un teólogo seguidor de Lutero, Juan Calvino, y recibían el nombre de hugonotes. La Matanza de San Bartolomé en 1572 con miles de hugonotes asesinados marca el punto álgido de la barbarie en Francia.

---

[1]Aunque es muy probable que así haya sido por testimonios que tenemos de su colaborador Melanchthon y su secretario Georg Rörer, es algo que los especialistas aún no dan por sentado (ver [Roper 2017, pp. 11, 451 notas 2 y 3]).

Con el cambio de centuria, la enorme fragmentación provocada por los acontecimientos del siglo anterior iba a provocar un recrudecimiento de los conflictos a lo largo del continente, que en la práctica, derivaría en una dura persecución del protestantismo. Por ejemplo, los Países Bajos que habían estado bajo dominio español desde el siglo XVI, adoptaron mayoritariamente la religión calvinista después de la reforma. El tira y afloja religioso derivado de esta diferencia con sus gobernantes católicos desembocó en guerras y tratados de paz que sacaron a la luz la clara diferencia entre el norte y el sur de la región. Mientras el norte encabezado por Guillermo de Orange seguía reivindicando una cierta independencia, algunas provincias del sur en la actual Bélgica acabaron finalmente anexionándose al estado español. El punto de ruptura fue La Unión de Arras de 1579 en la que entre otras cosas se establecía la religión católica como única, y la persecución del calvinismo.

De esta zona de los Países Bajos del sur provenían los Lambert,[2] concretamente de Wallonie (Valonia), una de las tres partes en las que se divide la actual Bélgica y que en aquella época formaba parte del Sacro Imperio Romano Germánico.[3] Como muchos otros, terminaron en Lambrecht escapando de la persecución católica, una localidad situada a unos 70 km de Heidelberg, capital del calvinista Bajo Palatinado y en aquel momento uno de los principales centros de la religión reformada en Europa. Al parecer en esta localidad había una colonia de calvinistas de lengua francesa —refugiados ellos mismos de los Países Bajos y de Bélgica— que se habían establecido en 1568 en los edificios en desuso del antiguo convento, y es posible que los Lambert, que habían llegado

[2]Los orígenes de la familia Lambert de Mulhouse se estudian en [Mieg 1939, pp. 27–30] por el historiador y genealogista Philippe Mieg (si he podido consultar este artículo ha sido gracias a la amabilidad de Eliane Michelon de los *Archives de Mulhouse* que me lo ha proporcionado de manera desinteresada); se puede ver un resumen en [Jaquel 1977, pp. 133–135]. Por otro lado, en lo que se refiere a la contextualización histórica, dependo enteramente de [Parker 1997], [Bergin 2001] y [Oberle 1985].

[3]Sobre el Sacro Imperio Romano Germánico ver [Stollberg-Rilinger 2018].

también en la segunda mitad de siglo, encontrasen consuelo y acomodo entre ellos. De hecho tanto el tatarabuelo de Lambert, Jean Colin Lambert, como su bisabuelo Jean Nicolas Lambert (llamado Colin) nacen allí, aunque la complicada situación en el norte no tardó en hacer peligrosa su estancia.[4]

Años más tarde en Bohemia (actual República Checa), una región mayoritariamente protestante, el conflicto con los católicos gobernantes Habsburgos había culminado el 23 de Mayo de 1618 con dos ministros del emperador Matías y el secretario de uno de ellos arrojados por la ventana.[5] Anticipando lo que se les venía encima, pidieron ayuda al líder de la Unión Protestante, Federico V del Palatinado, y le ofrecieron la corona de Bohemia deponiendo a Fernando II de Austria, un año después elegido Emperador del Sacro Imperio. Bajo el punto de vista de los protestantes, el control de Bohemia era algo más que un capricho; era de hecho vital para no acabar con la libertad religiosa en el Imperio. No obstante, esta visión era también compartida por el bando católico, que envió una comitiva de tropas españolas al Palatinado en 1620 para evitar un ataque por retaguardia y de paso asegurar su posición.[6] La prueba de lo realista de estas visiones, es que después de que los católicos acabasen con la revuelta de Bohemia en la Batalla de la Montaña Blanca en Praga el 8 de noviembre de 1620, la recatolización saltó al Palatinado extendiéndose por el Imperio. Quizá la toma de Heidelberg por parte de los católicos en 1622, otrora a la cabeza del protestantismo europeo, sirva como hecho representativo de la clara derrota de los protestantes.

La situación por lo tanto ya no era segura, así que los Lambert cogieron sus cosas poniendo rumbo en esta ocasión a Mülhausen. Probablemente no fue casualidad el que hubiesen escogido como nuevo destino esta pequeña República calvinista del norte de Alsacia, aliada desde 1515

[4]La propia colonia sería disuelta en 1623 con la llegada de las tropas españolas.

[5]La denominada «Defenestración de Praga».

[6]Paso clave hacia la Guerra de los Treinta Años [Parker 1997, p. 76].

de la Confederación Helvética (Suiza) (de hecho una de las pocas partes de Alsacia que no quedaría anexionada a Francia después de la Guerra de los Treinta Años). Si bien el Edicto de Nantes de 1598, que ponía fin a las Guerras de Religión francesas, había instaurado cierta tolerancia hacia los protestantes, «jamás había sido aplicado en Alsacia»,[7] así que este ambiente geográfico hostil convertía a Mülhausen en una pequeña isla calvinista. No obstante, durante todo el siglo XVII había servido de refugio para muchos protestantes que venían principalmente de diversos lugares de Francia, como Lorraine,[8] aunque la débil situación económica hacía complicada la concesión del derecho de burguesía que daba derecho a ejercer un oficio.

No debió ser sencillo por lo tanto para Jean Nicolas Lambert —el bisabuelo de nuestro savant— conseguir este derecho. Había llegado a Mülhausen en 1624 con su madre viuda Marie Marx y su tío (y también tutor) Jean Nicolas de Cornesse —oriundo de Cornesse en Wallonie, y que había sido burgomaestre de Lambrecht en el Palatinado— y no obtuvo dicho derecho hasta once años después en 1635. Al parecer Jean Nicolas, que era maestro panadero, se convierte en 1655 en «échevin»,[9]

[7][Oberle 1985, p. 12] quien cita a Pfister, *L'Alsace et l'Edit de Nantes* en Revue historique, 1929 (pp. 217–240).

[8]Es posible que venga de aquí la tradición de situar a los Lambert como refugiados venidos de Lorraine, o más generalmente de Francia, una tradición que Matthias Graf —pastor de Mülhausen y autor de una biografía de referencia sobre el suizo publicada en 1829 con motivo del centenario de su nacimiento (en [Huber et al. 1829])— sitúa incluso entre la propia familia. Un ejemplo lo encontramos en la biografía de Formey con motivo de su *Elogio a Lambert* [Sheynin 2010, p. 137], o en el artículo de Scriba [Scriba 1973, p. 595] (a quien [Sheynin 2010, p. 5] cataloga como el biógrafo moderno de Lambert). Además, el lector que se acerque a la biografía de Lambert, notará cómo se suele situar sus orígenes familiares entre los hugonotes refugiados, aunque en realidad no eran franceses. Philippe Mieg matiza esta tradición bibliográfica ya antigua, encontrando cierta confirmación en lo ya incluido más arriba sobre que habían tenido contacto con una colonia de hugonotes en Lambrecht (ver [Mieg 1939, pp. 26, 29]).

[9]En el diccionario Larousse: «En la Edad Media y bajo el antiguo régimen, ma-

función que le transmite a su hijo Jérémie (1660–1733) quien acabaría por convertirse en sastre, profesión que heredaría finalmente su hijo y padre de Lambert, Lucas Lambert (1699–1747).[10] Negocios equivocados hacen que a partir de 1660 y de manera gradual Jean Nicolas tenga que vender la mayor parte de sus bienes, lo que probablemente motiva que en 1671 los Lambert dejen Mülhausen por el Palatinado; pero tras la muerte del cabeza de familia y la destrucción de Lambrecht por las tropas francesas, su viuda y su hijo Jérémie vuelven alrededor de 1689 para quedarse de manera definitiva. Desde luego Mülhausen seguía siendo una buena opción, en una Europa que, a pesar de haber dejado atrás la Guerra de los Treinta Años con la firma de la Paz de Westfalia (1648), aún resultaba peligrosa. En 1685 Luis XIV revoca el Edicto de Nantes dando un nuevo impulso a la persecución de los calvinistas;[11] una persecución que en realidad ya se había internacionalizado, y con creces, con el Edicto de Restitución de 1629, en el que básicamente se incluía la prohibición de toda secta protestante menos el luteranismo.[12]

Todos estos conflictos habían dibujado un paisaje en Europa, especialmente en Alemania, desolador. Pero en medio de este panorama, se empieza a fraguar —gracias a los descubrimientos de hombres como Galileo, Kepler, Descartes o Newton, y por el impacto de las obras de Locke, Bayle o Leibniz— un cambio en la mentalidad de determinados grupos sociales cuyo objetivo será romper con los dogmas, usar la razón como guía, y «la ilustración de todos los seres humanos como lucha contra la superstición y su educación para la aplicación y la utilidad pública»:[13]

---

gistrado [magistrat, definido como "personaje investido de funciones públicas importantes"] municipal en las ciudades del norte de Francia, que asistía al alcalde [maire, definido como "el primero de esos magistrados"]».

[10]Ver [Sitzmann 1909, p. 92] (en base a [Mieg 1939] y [Jaquel 1973], el autor debió equivocarse al decir que el derecho de burguesía lo consigue en 1645).

[11]No será hasta 1787 cuando se restaure en Francia una medida de tolerancia para ellos (ver [Blanning 2000, pp. 144, 160]).

[12][Parker 1997, pp. 127, 128].

[13][Hermann 1988, p. 123].

nace la Ilustración.[14] Es en este contexto en el que transcurre la vida de Lambert.

1.2. Primeros años (1728–1746)

Johann Heinrich Lambert nace en Mülhausen el 26 de agosto de 1728, cuatro años después de que sus padres, Lucas Lambert y Elizabeth Schmerber, se casen.[15] La situación económica de la familia es difícil; el

[14]Uso este término en un sentido amplio y sin entrar en distinciones terminológicas en función de en qué lugar —Francia, Inglaterra, Alemania, etc— se quiera poner el foco, así como a sabiendas de que normalmente y sin un consenso claro se enmarcan en tres períodos distintos: la larga (1688–1815), la estricta (1700–1800) y la corta (1715–1789) «Ilustración» (la principal fuente usada en lo que a este período histórico se refiere para este capítulo ha sido [Blanning 2000]).

[15]En realidad, la fecha de nacimiento no se sabe con seguridad porque en aquel entonces en Mülhausen no había registro de nacimiento, sino de bautizo (Lambert se bautiza el 29 de agosto) [Jaquel 1973, p. 102]. Si bien Jaquel dice que se suele adoptar el día 26 como su fecha de nacimiento, uno encuentra en algunas biografías del XVIII otras opciones, como por ejemplo el mismo 29 en [Barlow 1814], o el 28 (de Abril!) en [Hutton 1815, p. 710]. Por otro lado, en la historiografía Lambertiana existe confusión acerca de la nacionalidad del savant ya que en no pocas ocasiones se le presenta como francés, alemán o suizo. Las regiones de origen de los Lambert eran de lengua mayoritariamente francesa, y parece que tuvieron contacto con comunidades de franceses en Lambrecht; más aún, gran parte de Alsacia era de dominio francés (pero no Mülhausen), lo fue por completo entre 1798 y 1871 cuando pasó a manos alemanas, y volvió a serlo a partir de 1918, algo usado con frecuencia para catalogarlo como francés. Desde luego por parte de padre es de origen alemán —al menos hasta que su bisabuelo llegó a Mülhausen— viniendo de regiones dominadas por el Sacro Imperio Romano Germánico, y pasó la última parte de su vida —12 años— en Alemania, donde encontró su sitio (además entre 1871 y 1918 Mülhausen pasó a ser de dominio alemán, lo que también hizo que algunos lo «alemanizaran», además del hecho de que su lengua materna era el alsaciano, un dialecto alemán). Lo mismo serviría en lo que al origen por parte de madre se refiere, de bisabuelos mayoritariamente mulhousianos y también alemanes. Pero los aproximadamente 15 primeros años de su vida los pasó en su ciudad natal, en aquel momento parte de la Confederación Helvética (Suiza). [Jaquel 1973] analiza el caso con todo detalle y llega a la conclusión de que,

modesto sueldo del padre, que coge el testigo de la profesión de sastre, junto con la necesidad de sostener a una familia numerosa de diez hijos —tres de ellos muertos a corta edad[16]— obliga a un nivel de vida alejado de las comodidades. Es cierto que los padres no descuidan su educación básica: asiste a la escuela de su ciudad revelándose como un alumno aplicado y aventajado, donde recibe una formación elemental en francés, latín y otras materias, pero a la temprana edad de 12 años tiene que dejar sus estudios para ayudar al padre en la sastrería. Ya en ese cortísimo período de tiempo da muestras de una fuerte inclinación hacia el estudio, algo poco normal para su edad, más aún si se tiene en cuenta que no crece en el seno de una familia de intelectuales.

---

si bien la relación de Mülhausen con la Confederación fue variable y lo más sencillo y riguroso al mismo tiempo sería catalogarlo como mulhousiano, la práctica más habitual y natural es considerar a esta cuidad como suiza. De esta forma lo más natural también sería catalogar a Lambert como suizo. En esta misma linea: Knobloch en [Begehr et al. 1998, p. 5] lo considera suizo, puesto que Mülhausen en aquellos días pertenecía a Suíza hasta que acabó anexionada a Francia; Rudolf Wolf (1816-1893) en su biografía sobre Lambert traducida del alemán en [Sheynin 2010] añade (p. 150) que Lambert:

> se consideraba invariablemente a sí mismo como suizo y hasta que ganó título científico alguno sus contemporáneos lo llamaban *Mülhusino-Helvetus*. No puedo por lo tanto dudar en describir a este gran pensador como un científico suizo.

[Cajori 1927, p. 129 nota 5] y [Gray 2007, p. 84] lo presentan como suizo sin más detalles; [Calinger 2016] hace referencia a él como suizo-alemán (p. 643), aunque aclara que su ciudad natal estaba en Suiza (p. 427). En p. 558 nota 22 es más claro y habla de él como suizo. Aquí siempre que proceda se hará referencia a él como suizo.

[16]El dato en [Jaquel 1973, p. 102]. En [Klemme et al. 2016, p. 451] se dice que tuvo cinco, pero también se dice (como en otros lugares) que sus antepasados llegaron a Mulhouse en 1635 como refugiados huidos de Lorraine. Por cierto que, y al hilo de lo que se acaba de comentar en la nota anterior, el título de este trabajo da muestra de la preferencia de los autores hacia la nacionalidad alemana de Lambert, aunque habría que decir que considerarlo un filósofo alemán es una tendencia historiográfica natural puesto que «se esforzó en desarrollar un lenguaje filosófico alemán, y se sirvió únicamente del alemán en sus impresionantes obras filosóficas» [Jaquel 1973, p. 104].

El poco tiempo libre que le queda después de ayudar a sus padres lo dedica a la lectura. Incluso de noche cuando el resto duerme, él estudia a la luz de las velas. Su madre, posiblemente preocupada por su falta de descanso se las retiraba, pero él conseguía más vendiendo pequeños dibujos que hacía y que iba mejorando a la par que su caligrafía. Su fuerte y sorprendente dedicación, unida a las referencias que los profesores daban de él, hicieron que su padre se planteara la idea de que dejara la satrería y se dedicara a lo que a todas luces parecía su vocación: el estudio.

En aquella época, la oferta de estudios era muy distinta a la de ahora. El abanico de posibilidades incluía una facultad de Derecho, una de Medicina y una de Teología, junto con la de Filosofía que era preparatoria y en la que se recibía la base cultural necesaria para poder ingresar en alguna de las tres anteriores.[17] Formey en su *Elogio a Lambert* de 1780 resume el ambiente intelectual en la ciudad natal de nuestro savant apuntando que:

> Es apropiado mencionar que en aquella época el número de hombres de letras que había en Mulhause se restringía a media docena de teólogos, ya que se pensaba que no había otra ciencia que la teología o, de otro modo, que sólo los teólogos eran capaces de desarrollar ciencias.[18]

[17]Ver [Ferreirós 1995]. Aquí se incluye la historia, las matematicas, la filosofía en sentido estricto, la física, la filología etc, claro está, tal y como se entendían en aquella época. Por poner sólo un ejemplo, en el siglo XVIII la física se entendía como «la ciencia que nos enseña las razones y las causas de todos los efectos que la naturaleza produce» (Rohalt citado en [Hankins 1988, p. 13]), con lo que la medicina, entre otras, se entendía como parte de la física. De hecho, en el siglo XVII el físico y el médico eran la misma cosa, y aún hoy en ciertos idiomas se puede rastrear dicha conexión en las palabras designadas para «médico» (en inglés «physician» viene definido en el Cambridge Dictionary como «a medical doctor, especially one who has general skill and is not a surgeon»).

[18][Sheynin 2010, p. 138]. Los textos a los que se hace referencia en [Sheynin 2010] son el *Elogio a Lambert* de 1780 por parte de Johann Heinrich Samuel Formey (1711–

Teniendo en cuenta además que la familia de Lambert era muy religiosa, toman la decisión con los consejos de sus profesores de que estudie Teología. El padre trata de conseguir una ayuda económica para su hijo, pero para desesperación de este no consigue nada. Ninguno de los recursos cambian la respuesta, y Lambert tiene que quedarse a las puertas de cambiar la sastrería por los estudios.

A pesar de la desilusión no sucumbe, y sigue usando su poco tiempo libre para estudiar lo que cae en sus manos: dos libros de artimética y geometría (uno prestado por uno de sus compañeros y otro por un obrero contratato por su padre sorprendido por la dedicación a la lectura del joven Lambert) van incrementando su conocimiento. Un profesor de la zona le ayuda gratuitamente con el francés y con el latín, y Heinrich Reber, el escriba de la ciudad, viendo la calidad de su caligrafía lo contrata en su oficina como copista. Reber fue una figura clave para Lambert en estos primeros años por el apoyo que le brindó y por sus recomendaciones.

Después de una temporada como copista, a la edad de 15 años y por su recomendación, entra a trabajar como contable en la industria de la siderurgia en Seppois, en el norte de Alsacia. Allí perfecciona su francés y entre otras cosas sigue con gran atención el curso del cometa de 1744, lo que más tarde motivaría su trabajo sobre estos temas.[19] De aquí en adelante Lambert no tendrá que volver la mirada atrás. Dejará de lado de una vez por todas la sastrería familiar, y dedicará la siguiente década a formarse desde todos los ángulos sin descuidar ninguna rama del conocimiento, lo que lo convertirá en el científico polímata que fue.

1797), secretario perpetuo de la Academia de Ciencias de Berlín y entre cuyas obligaciones estaba la de realizar los obituarios de los miembros fallecidos, y una biografía de 1860 de Johann Rudolf Wolf (1816–1893), profesor de astronomía en Zurich. En lo que sigue, y siempre que proceda, se hará explícito a cuál de los dos se hace referencia.

[19]Catalogado como «Gran cometa», fue especialmente brillante y espectacular, llegando a desarrollar un abanico de 6 colas después de alcanzar su perihelio.

1.3. Época de aprendizaje (1746–1756)

Después de volver de Seppois en 1746, Lambert, que cuenta con 18 años, se traslada a Basel para convertirse, por nueva recomendación de Reber, en secretario del filósofo suizo Isaac Iselin,[20] que en aquella época era editor de un períodico de caráter político. En una carta del 6 de diciembre de 1750, Lambert habla de su labor en Basilea:

> Hasta hace unos cuatro años lo que había aprendido era básicamente latín y francés hasta que el difunto escriba de la ciudad Reber me recomendó al Dr. Iselin en Basel para ayudarle con su correspondencia y artículos periodísticos.[21]

La personalidad de Lambert distaba de ser arrolladora y tenía un caracter bastante extraño pero:

> por una parte su extraordinaria capacidad y, por otra, la insobornable rectitud de su espíritu, le conquistó aliados seguros capaces de apreciar sus virtudes y perdonar su temperamento.[22]

Iselin fue uno de los que, junto con Reber y sus antiguos profesores, vieron en él ese ardiente deseo de aprender. Llegó a cogerle gran estima. Lo educaba por el día y le permitía asistir a sus lecciones, pero el carácter profundamente autodidacta que siempre lo acompañaría, hacía que prefiriera refugiarse en los libros que conseguía antes que asistir a sus clases. Esta misma carta arroja luz acerca de sus primeras influencias:

> En ese cargo apenas estaba ocupado la mitad del día así que

[20] Nacido en 1728, estudió derecho y filosofía en las Universidades de Göttingen y Basilea, recayendo en esta última como profesor de derecho. Hombre respetado, fue uno de los fundadores de la Sociedad Helvética. Murió en 1782 como miembro permanente de la Academia de Berlín.

[21] Wolf en [Sheynin 2010, p. 151].

[22] Juan Arana en [Lambert 1765, p. 200].

> me hice con algunos libros para aprender los principios de la filosofía. Entendí de inmediato que mis primeros esfuerzos debían dirigirse a perfeccionar mi conocimiento y hacerme feliz. Sin embargo, también entendí de inmediato que las intenciones naturalmente depravadas no pueden mejorarse sin liberar la mente de prejuicios e iluminarla debidamente. Ese fue por tanto mi primer punto de referencia [...], y encontré esas reglas, en los escritos de Wolff sobre el poder de la mente humana, de Malebranche sobre la investigación de la verdad, y en las ideas de Locke sobre la mente humana. Todo esto se revela sobre todo en las ciencias matemáticas y especialmente en el álgebra y la mecánica, las que me proporcionaron claros y profundos ejemplos que me permitieron confirmar las reglas que había aprendido previamente [...] Hasta ahora, no he encontrado razones para lamentar mis esfuerzos ya que ahora soy mucho más capaz de aprender otras ciencias más fácil y profundamente.

Además de la importancia que da a las matemáticas como paradigma de las ideas filosóficas que estos libros le enseñan y como herramienta fundamental para las demás ciencias,[23] en este pequeño extracto de la carta se ve la constatación de que efectivamente su mente está libre de prejuícios. Aunque para una persona de la época con inquietudes intelectuales estas tres obras, entre otras, eran casi de lectura obligada, es cierto también que Wolff (junto con Malebranche) y Locke representan las dos corrientes opuestas de la teoría del conocimiento: racionalismo vs empirismo.[24]

A pesar del cariño que le había cogido a Lambert, Iselin supeditó

[23] Aquí ya se divisa, como quedará constatado más adelante, su visión entrelazada de las diferentes partes de la ciencia.

[24] Él no se casará con ninguna de las dos. De hecho casará a las dos entre sí (ver [Gray et al. 1978]).

Figura 1.1: Lambert en su etapa madura. Retrato hecho por el ilustrador G. Dantzer alrededor de 1850 (en el *Catalogue général Gallica.* El retrato original en la *Bibliothèque nationale et universitaire de Strasbourg*).

las ganas de retenerlo a la búsqueda de un destino que le proporcionara una buena opción para su desarrollo como científico. Es así como nuestro mulhousiano viaja en 1748 a la edad de 20 años a Chur, la capital del Cantón de los Grisones en Suiza, para convertirse en el tutor privado de tres jóvenes familiares del Conde Peter von Salis. Von Salis, que en aquel entonces tenía 80 años, además de Conde del Sacro Imperio Romano Germánico había sido embajador en Londres y uno de los negociadores de la Paz de Utrecht. Era pues un hombre importante e influyente además de culto, poseedor de una gran biblioteca que abriría a Lambert las puertas a un estudio más amplio y profundo con el que definiría su pensamiento científico y filosófico.

Su labor en Chur consistía en llevar personalmente la educación del nieto del conde de 11 años Antoine de Salis, su primo Baptista también de 11 años, y otro familiar de 7 años llamado Johann Ulrich von Salis.

Durante la siguiente década los instruye en lenguas, matemáticas, geografía, historia y catecismo (la familia von Salis era muy devota, algo que Lambert compartía y mantendría). El tiempo libre del que dispone lo dedica a estudiar en la biblioteca de su anfitrión, y como aquél que intenta calmar su sed después de un largo camino sin agua, abraza indiscriminadamente la física, la astronomía, las matemáticas y la mecánica, así como la teología, la metafísica e incluso la poesía, a la par que realiza regulares observaciones astronómicas y construye sus propios instrumentos para los experimentos.

Con este bagaje empieza a desarrollar sus propias reflexiones, que irá anotando mes a mes, a partir de 1752, en su *Monatsbuch*, diario científico en el que no dejará de escribir hasta su muerte. En él se puede ver la huella que dejaron en él los escritos de Wolff y Locke, ya que combina estudios teóricos con experimentos basados en la observación, en una síntesis de ambas corrientes que caracterizará su metodología de la ciencia. También en esta época entra en contacto con el mundo académico. Unido al probable apoyo de su influyente padrino, sus rápidos progresos y el gran conocimiento adquirido lo llevan en 1753 a la Sociedad Literaria de Chur y posteriormente a la Sociedad Científica Suiza con sede en Basel. Por requerimiento de esta institución, realiza varias observaciones meteorológicas que se materializan en diversas publicaciones en *Acta Helvetica*, la revista de la Sociedad. Es en esta revista, concretamente en el volumen 2, en la que en 1755 publica su primer artículo *Tentamen de vi caloris, qua corpora dilatat ejusque dimensione*[25] que trata sobre el calor, uno de los principales temas de estudio de la física de la época junto al de la luz, la electricidad y el magnetismo.

[25] [Lambert 1755]. Una lista exhaustiva de los trabajos de Lambert se puede ver en la página web *Johann Heinrich Lambert (1728-1777) Collected Works - Sämtliche Werke Online* escrita y diseñada por Maarten Bullynck: `http://www.kuttaka.org/~JHL/Main.html`. También en el trabajo clásico de Max Steck *Bibliographia Lambertiana* [Steck 1970].

El 1 de Septiembre de 1756, después de ocho años en casa de los von Salis —un período clave para su formación que le permitió suplir, y con creces, las carencias educativas que había tenido a causa de la falta de recursos cuando era más joven— Lambert se embarca con Antoine y Baptista, de 19 años ya, en un viaje académico por Europa en el que visitará los principales centros intelectuales del momento, abriéndose a la comunidad científica y haciéndose un nombre ya a nivel internacional.

1.4. Tour europeo (1756–1759)

Como ya se apuntó antes, desde mediados del siglo XVI hasta las puertas del XVIII tuvieron lugar una serie de acontecimientos religiosos y políticos, que combinados con determinados desarrollos científicos desembocaron en un cambio de mentalidad. Estos avances venían a apuntar la posibilidad de que el hombre por sí mismo usando la razón, sin recurrir a la verdad revelada, pudiera conocer el funcionamiento de las cosas. Es más, este giro de 180 grados en el enfoque, razón frente a dogma, no se quedó en el campo de la ciencia sino que se extendió en general a los diferentes aspectos de la vida cambiando toda la actividad humana.[26]

[26]Es importante resaltar sin embargo, que este cambio no fue para nada inmediato. De hecho hasta mediados de siglo la Iglesia aún estaba ganando terreno en algunos ámbitos y su dominio era fuerte en lugares como Francia, España, Portugal y Hungría, dificultando la entrada de ideas renovadoras que en otros lugares ya habían cuajado como en Gran Bretaña, Holanda o Prusia. Derek Beales en su capítulo «Religión y cultura» en [Blanning 2000, pp. 140-187] lo deja claro ya en la página 142:

> Entre los títulos que se atribuyen generalmente al siglo XVIII, faltan «la época de la religión» y el «siglo del cristianismo». No debería ser así porque, durante la primera mitad de siglo, en muchos aspectos las iglesias estaban aún ganando terreno en distintos ámbitos. Pero este logro ha sido ocultado porque los historiadores han exagerado en gran medida el efecto inmediato en la religión de dos fenómenos de finales del siglo XVII. El primero es el supuesto «fin de las guerras religiosas» y

Figura 1.2: La «Colonne Lambert» levantada en su honor en 1828 enfrente de su casa natal y al abrigo de la iglesia de Saint-Etienne con motivo de los 100 años de su nacimiento (en el *Catalogue général Gallica.* El retrato original en la *Bibliothèque nationale et universitaire de Strasbourg*).

Aunque en un principio pueda parecer que esto quita de en medio al pensamiento religioso, fue de hecho un impulsor verdaderamente notable de esta forma de acercarse al conocimiento. A medida que iban apareciendo nuevos descubrimientos, el argumento del designio según el cual el orden y el mecanismo que rige en la naturaleza evidencia la existencia de un creador, fue reemplazando a los razonamientos a priori e incluso

---

el segundo la «revolución científica» que condujo a lo que Paul Hazard denominó «la crisis de la conciencia europea» y dató entre 1680 y 1715.

a la revelación de las Escrituras como prueba principal. Buscar a Dios pues, era buscar en la Naturaleza, con lo que las implicaciones para la ciencia fueron importantes.

Pero esta era una búsqueda desde la observación y el experimento pues «ningún argumento lógico por sí sólo puede penetrar en la libre elección de Dios»,[27] con lo que el término «usar la razón» debe interpretarse como una manera de conocer con espíritu crítico y mentalidad abierta orientada hacia las ciencias naturales, y no ya como un acercamiento apriorístico a la verdad. Una visión que dio lugar también a que en el campo de las matemáticas el interés cambiara de la Geometría al Cálculo, una herramienta que había sido desarrollada para dar respuesta a los problemas relacionados con el movimiento (mecánica). Lo que nos encontramos en este siglo entonces, en a lo que a ciencia se refiere, es un ansia por responder a las preguntas planteadas por la naturaleza unido a un espíritu experimentador,[28] donde la matemática, principalmente el Cálculo, como paradigma de la razón —el método correcto a seguir— juega un papel central. Después de la unión que había hecho Newton entre experimentación y matemáticas en su obra, el debate se centraba en el equilibrio adecuado entre las dos.

Lambert llega a Göttingen —cuya universidad es un buen ejemplo del cambio hacia el modo de vida ilustrado— a finales de 1756. Desde la Paz de Westfalia en 1648 las Guerras de Religión en el Sacro Imperio Romano habían finalizado, y la zona disfrutaba de una sana tolerancia religiosa y un carácter renovado. El pensamiento científico estaba empapado por las ideas de Wolff: se hacía un uso de la experimentación pero el enfoque era principalmente racionalista.

---

[27] [Hankins 1988, p. 4]. Esto es propio de la teología voluntarista, una corriente importante desde la Edad Media (y opuesta a la teología racionalista, cf. Leibniz) (agradezco a J. Ferreirós el comentario).

[28] De hecho Lambert, que ya había construído instrumentos de experimentación para llevar a cabo sus propias observaciones, será algo que siempre mantendrá vivo.

Allí recibe clases de leyes en su recién fundada universidad y estudia trabajos tanto de los Bernoulli, quienes habían desarrollado el Cálculo de Leibniz para abordar las cuestiones sobre mecánica —muy en voga en aquel momento como es el caso de la braquistocrona—, como los de Euler, que con el enorme impulso que estaba dando al Cálculo derivarían en la formación de una disciplina cada vez más autónoma. De hecho sólo un año antes de la llegada de Lambert a Göttingen, había salido a la luz su famoso *Instituciones de Cálculo Diferencial*, uno de los tres tratados que contendrían todo lo recogido hasta el momento sobre el tema.[29]

También conoce a dos importantes académicos: al astrónomo Tobias Mayer,[30] que era el responsable del observatorio de la ciudad y quien años antes había publicado el primer mapa con coordenadas de la Luna y unas excelentes tablas lunares que le valdrían un premio de la Junta de Longitud en Londres (a título póstumo);[31] y a Abraham Gotthelf Kästner, profesor de filosofía y matemáticas en dicha universidad y con el que mantendría correspondencia hasta su muerte. La influencia que tanto Kästner como su alumno Klügel —al que también conoce en su estancia en Göttingen— ejercieron sobre Lambert, le llevaría a marcar el camino que siguieron las generaciones posteriores hacia la búsqueda

[29]Los otros dos son la *Introducción al análisis infinitesimal* en dos volúmenes de 1748 y los tres volúmenes que llegarían en 1768 de las *Instituciones de Cálculo Integral.*

[30]Se pueden ver bastantes paralelismos con la vida de Lambert: dificultades económicas (se crió en la pobreza) y pronto huérfano de padre, fue también un autodidacta aprendiendo matemáticas y física. En lo primero en lo que destacó antes de dedicarse a la astronomía fue en la cartografía, campo en el que posteriormente también Lambert haría aportaciones importantes.

[31]Unas tablas lunares eran de gran interés práctico pues permitían calcular la longitud en alta mar, pero era una labor difícil puesto que, a diferencia de los planetas que son atraídos por el Sol, la Luna es atraída también por la Tierra. Esto quebró la cabeza de Euler, d'Alembert y Clairaut que se enfrentaron a este «problema de los tres cuerpos», una de las tres pruebas que habría de pasar la ley de la gravitación de Newton para su verificación junto con la determinación de la forma de la Tierra y el regreso del cometa Halley.

de nuevas geometrías.[32]

También es probable que Kästner, que compartía con Lambert el interés en el estudio de la perspectiva, lo hubiese inspirado a profundizar sobre ello. Ambos habían publicado trabajos sobre el tema años atrás, y en esta época, tal y como registra en su *Monatsbuch*, hasta la publicación en 1759 de su principal trabajo sobre perspectiva,[33] Lambert realiza diferentes anotaciones, siendo la de Septiembre de 1758 especialmente interesante: «en Marsella establecí las bases de la perspectiva».[34]

La estancia de Lambert en Göttingen —donde es nombrado miembro de la Academia de Ciencias— no dura más de un año. Las disputas políticas en Europa debidas principalmente a problemas dinásticos y a conflictos territoriales estaban a la orden del día, y en la misma época en la que visita la ciudad —concretamente en el verano de 1757— esta es invadida por Francia en el contexto de la Guerra de los Siete Años. Sin más opción, coge a sus dos pupilos y marcha rumbo a Holanda, terreno neutral y que a pesar de que sobre esta época estaba en decadencia, había sido desde principios de siglo junto con Gran Bretaña, ahora en preeminencia, ejemplo de tolerancia religiosa y de relativa libertad de expresión, lo que había facilitado la entrada de los nuevos aires de la época.

La mayor parte del año que dura su estancia en Holanda lo pasa en Utrecht. Está registrado que estando allí sufre una aparatosa caída que casi le cuesta la vida. Estuvo un día inconsciente y de hecho el médico que lo atendió, le recomendó que durante una buena temporada dejara aparcado el estudio debido al fuerte golpe que había recibido en la

[32]Dada la fundamental importancia de sus investigaciones, le dedicaremos al final de esta sección unas cuantas líneas a esto.

[33][Lambert 1759].

[34]Tomado de [Andersen 2007, p. 638], quien dedica un capítulo al trabajo de Lambert dado que sus contribuciones «son tan impresionantes en la historia de la perspectiva que merecen un capítulo separado» (en p. 559).

cabeza. Pero «una buena temporada» era mucho tiempo para él. Desde Utrecht hace pequeños viajes a las principales ciudades holandesas: Amsterdam primero; la Haya después, donde en 1758 publica su primer libro *Les propriétés remarquables de la route de la lumière par les airs et en général par plusieurs milieux réfringens, sphériques et concentriques*[35] acerca de la trayectoria de la luz en diferentes medios; y por último Leyden donde conoce a Pieter van Musschenbroek.

Van Musschenbroek junto con Willem Jaco 'sGravesande y Hermann Boerhaave habían publicado a principios de siglo una serie de trabajos en los que seguían los pasos de Newton en la realización de experimentos, los cuales jugaban un papel principal (las matemáticas eran necesarias pero subyugadas a la experimentación, a diferencia de lo que ocurría en Alemania). Holanda con la Universidad de Leyden a la cabeza, se convirtió en la principal seguidora de su método en Europa, después obviamente de Gran Bretaña. Musschenbroek, quien tenía en su haber entre otras cosas el descubrimiento, de manera independiente, del primer tipo de condensador eléctrico (la conocida como botella de Leyden) conoce a Lambert cuando es ya un hombre mayor. Al parecer mantienen una conversación sobre diferentes temas en la que, contrariamente a su primera impresión, queda muy sorprendido sobre su amplio conocimiento: «los roles de los interlocutores cambiaron; Lambert se convirtió en el profesor y Musschenbroek en el estudiante».[36]

Su última parada antes de regresar a Chur la hace en Francia de donde a pesar de las dificultades encontradas por algunos de sus ciudadanos más ilustres como Voltaire o Diderot, saldría el documento central de la Ilustración, *L'Encyclopédie.* Lambert llega a París en el verano de 1758 y allí entabla relación con Charles Messier, un astrónomo que empezaba en esa época a confeccionar su aún hoy conocido «Catálogo de Messier», en el que clasificaba ciertos objetos celestes fijos con la idea de realizar así

[35][Lambert 1758].

[36]Formey en [Sheynin 2010, p. 142].

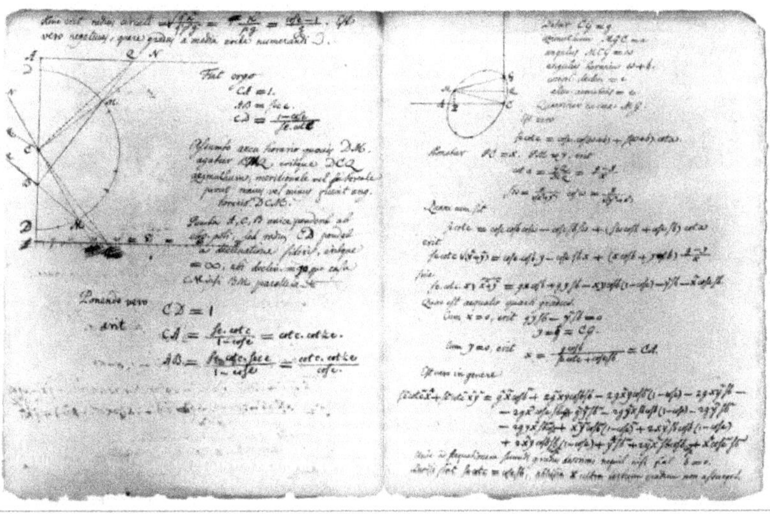

Figura 1.3: Estudios manuscritos de Lambert sobre Cartografía, disciplina en la que también dejaría su impronta (cortesía de los *Archives de Mulhouse*).

una búsqueda más cómoda de cometas, su principal objetivo, motivada al parecer por su observación del cometa de 1744. Pero sobre todo, establece contacto con un hombre de fama ya internacional que formaba parte de la vanguardia de la matemática junto con Euler y los Bernoulli, y que era un importante exponente en el cambio de mentalidad que se establecería en Francia, como en ningún otro sitio, a partir de la segunda mitad del siglo.

Lambert conoce a d'Alembert en 1758 cuando este había dejado el proyecto de la Enciclopedia probablemente a raíz de las diferencias que empezaban a surgir entre sus dos directores. Diderot cuestionaba a las matemáticas como herramienta argumentando que alejaban al científico de la realidad, y d'Alembert, a pesar de que comprendía la necesidad de la observación, defendía en cambio que debían ocupar un puesto central.[37] No eran pocos los que compartían esta visión poco utilitaria de

[37]Las críticas hacia las matemáticas como una disciplina inútil y oscura no eran

las Matemáticas. Buffon llegó a calificarlas de vacías y poco útiles para la vida real; productos de la mente humana y no abstracciones —como las veía d'Alembert— de objetos reales que por ende se ven beneficiados de su estudio matemático. Diderot, que no esconde su alegría cuando su colega deja la Enciclopedia —«el reino de las matemáticas se ha terminado»,[38] escribe a Voltaire—, en los diez volúmenes que le siguieron «hizo lo que pudo para debilitar las reivindicaciones del *"espíritu geométrico"* de d'Alembert».[39]

En cualquier caso, su «Discurso preliminar» en esta misma obra y los siete primeros volúmenes de la misma que irían apareciendo entre 1751 y 1759 dejaron su impronta granjeándole gran prestigio. De hecho años antes, y hasta en dos ocasiones, había recibido la oferta por parte de Federico el Grande de presidir la Academia de Ciencias de Berlín, propuestas que rechazó argumentando que sería una osadía pretender estar por encima de Euler en una intitución científica.[40] Parece ser que al contrario que con Messier, con el que llegaría a mantener una relación de amistad, la primera impresión de este ilustre pensador hacia Lambert no fue buena, aunque pasado el tiempo acabaría por reconocer su valía.[41]

Este viaje europeo que finaliza en los últimos días de 1758, le sirve tanto para conocer en persona las principales líneas de investigación del momento junto con algunos de sus artífices más relevantes, como para

---

nuevas. Petrus Ramus ya en 1569 publicaba *Scholarum Mathematicarum* en la que examinaba el porqué de la baja estima que se tenía hacia las matemáticas. Él (como d'Alembert después) señalaría a la estructura y metodología de los *Elementos* de Euclides —el texto clásico de instrucción matemática de la época— como el principal problema (para más detalles ver [Schubring 2005, pp. 68–69] donde el autor califica esta obra de Ramus como «la primera reflexión metodológica impresa sobre las matemáticas»). En relación a la disputa sobre la utilidad de las matemáticas en torno a la figura de d'Alembert ver [Richards 2006, pp. 702–704, 706].

[38] Diderot citado en [Richards 2006, p. 706].

[39] [Richards 2006, p. 706].

[40] [Hormigón 1994, p. 27].

[41] Más adelante en este mismo capítulo se analizarán más de cerca estas impresiones.

dar a conocer sus primeros trabajos en el mundillo académico. Pero ahora, dado que su servicio para la familia Salis estaba llegando a su fin, se le planteaba el problema de buscar una posición estable desde la que poder seguir con sus estudios. Su mente estaba en Göttingen, como atestigua una carta del 18 de agosto de 1758 que escribe estando aún en París y que dirige a Albrecht von Haller, quien había recomendado a Lambert mientras estaba allí, y que junto a Kästner le había ayudado a divulgar sus trabajos. Haller ocupaba la Cátedra de Medicina en la Universidad de Göttingen y había sido llamado por Jorge II para inaugurar la presidencia de la Academia de Ciencias fundada siete años antes. Luego de agradecerle su ayuda, Lambert le pide que interceda por él:

> Mis servicios en la famila Salis acabarán antes de octubre y lamentaré la inminente pérdida de tiempo libre que me habían dejado por propia voluntad para trabajar sobre estos temas.[42] Ciertamente sabe, Señor, que el tiempo libre es necesario [...] Sinceramente admito, Señor, que espero encontrarlo en Göttingen y nada me satisfaría más que una invitación a la Cátedra de Filosofía [...] su ejemplo demuestra vívidamente que la gloria de una universidad depende mucho menos de aquellos que enseñan que de aquellos que además adquieren reputación por sus escritos. No niego que esa es la gloria a la que yo aspiro [...] Cuán satisfecho estaría si sus recomendaciones me aseguraran tal posibilidad o si las actuales circunstancias en la Universidad de Göttingen me permitieran una invitación que me beneficiara.[43]

A pesar de que Haller había apoyado a Lambert en su etapa en Göttingen, su intento de conseguir un puesto en la universidad se queda en nada. Abandona París para regresar a casa de los von Salis en Chur vía

[42]Se refiere a su *Pirometría* [Lambert 1779] y *Fotometría* [Lambert 1760] que publicará más adelante (la primera de ellas se publicará póstumamente).

[43]Wolf en [Sheynin 2010, p. 153].

Marsella, Niza, Turín y Milán. Se emancipará finalmente en mayo de 1759 para llevar, durante los siguientes 5 años, una vida sin descanso orientada hacia un puesto seguro desde el que continuar con sus investigaciones, y hacia posibles editores para sus trabajos.

1.4.1. Lambert y las geometrías no euclidianas

A pesar de que ciertamente el estudio de las matemáticas en esta época se centraba en el Análisis, ciertas cuestiones nunca habían dejado de preocupar y de interesar. La falta de evidencia del quinto postulado de los *Elementos* en comparación con los demás, unido a que su recíproco sí requería demostración explícita, lo había puesto en tela de juicio desde el principio. La duda, hay que señalar, no era si dicha afirmación era verdadera o falsa —la fuerza de la intuición señalaba la respuesta— sino si esta afirmación era una verdad «fundamental» o no. Esta cuestión terminó por convertirse en una espina que la Geometría llevó clavada desde los tiempos de Euclides hasta, pasando por los árabes, la Europa que nos toca, donde de manera fundamental Lambert marcó el camino que seguirían aquellos que, casi un siglo después, zanjaron la questión.

La obra que marcó el punto de inflexión en esta historia y que llevó el interés sobre la teoría de las paralelas al siglo XVIII, fue *Euclides ab omni naevo vindicatus*[44](1733) de Giovanni Girolamo Saccheri, que se convirtió sin su intención en el primer trabajo sobre geometrías no euclidianas. De manera muy resumida, en este tratado Saccheri parte de un cuadrilátero birrectángulo ($A = B = 90°$) isósceles ($AC = BD$), hoy conocido como cuadrilátero de Saccheri,[45] y demuestra basándose solo en las 28 primeras proposiciones —aquellas que no usan el axioma de las paralelas—, que siendo este el caso los ángulos C y D han de ser iguales.

[44] *Euclides vindicado de toda mancha.* Para una traducción anotada al inglés ver [Saccheri 1733].

[45] Ver Figura 1.4.

Caben por lo tanto tres opciones: que sean rectos, lo que equivale a que se cumpla el quinto postulado, que sean agudos, o que sean obtusos. Esto genera tres tipos de geometrías,[46] que como también demuestra son excluyentes: la del ángulo recto (GAR) que equivale a la euclidiana, la del ángulo agudo (GAA) y la del ángulo obtuso (GAO). El método que sigue ahora Saccheri es su aportación más valiosa y profunda:[47] añadir a los cuatro primeros postulados la negación del quinto y tratar de establecer que esto lleva necesariamente a una contradicción; es decir, demostrar que la GAO y la GAA no son posibles.[48]

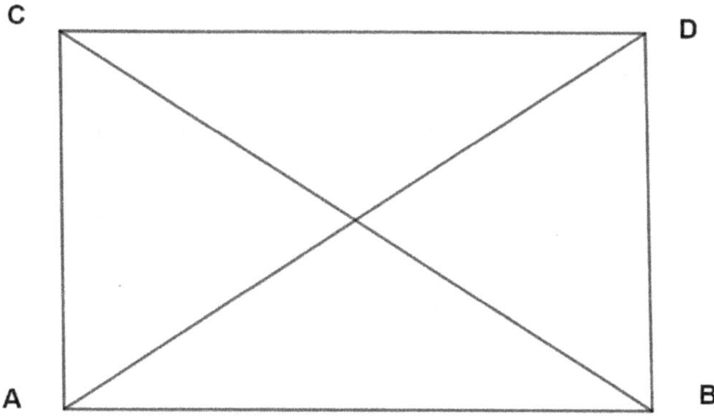

Figura 1.4: Cuadrilátero de Saccheri

[46]Cada una de las opciones anteriores, si se cumple para un cuadrilátero de Saccheri se cumple para todos (cosa que demuestra), lo que justifica que se pueda hablar en un principio de tres tipos de geometrías o, siguiendo su terminología, tres hipótesis diferentes (HAR, HAO y HAA).

[47]Ver [Dou 1992].

[48]Hoy sabemos que tales geometrías sí son posibles, pero con matices. La GAO usada por Saccheri y que descarta correctamente, presupone la infinitud de las rectas (segundo postulado), con lo que no coincide por completo con la geometría elíptica, donde estas son de longitud finita. Además, las rectas en el plano elíptico difieren tanto de lo que debería ser una recta (son de longitud finita, no unívocamente determinadas por dos puntos), que se desecha como opción de una posible geometría. Donde comete el error es en el caso de la GAA, la que hoy llamamos geometría hiperbólica ([Dou 1992]).

Esta obra pronto se dio a conocer. En 1736, sólo tres años después de su publicación (y muerte del autor), aparece mencionada en *Acta Eruditorum*, así como por dos reconocidos historiadores de las matemáticas de la época, J. C. Heilbronner (Leipzig, 1742) y J. E. Montucla (París, 1758), lo que le aporta una segura difusión. También aparecen copias de la misma en varias universidades entre las cuales se encuentra la de Göttingen.[49] De hecho es aquí donde surge con más intensidad el interés sobre este tema y donde recogen el testigo del italiano. Kästner llegó a reunir una enorme biblioteca sobre el problema de las paralelas, y Klügel realiza bajo su dirección una tesis (1763) en la que estudia exhaustivamente los diferentes intentos de demostración del quinto postulado, en particular el de Saccheri. La conclusión a la que llega es que si bien estos resultados pueden contradecir la experiencia no contradicen los axiomas, siendo el primero que reconoce su posible independencia.

Por lo tanto Lambert visita un Göttingen enfrascado en el problema de las paralelas. Cuando pasados unos años la tesis de Klügel llega a sus manos, su interés por el tema se materializa en la obra *Theorie der Parallellinien*(1766/1786).[50] En la introducción a la tercera parte, que es la que contiene las aportaciones más importantes, introduce el «cuadrilátero de Lambert», que difiere del de Saccheri en que es trirrectángulo.[51] El ángulo restante da lugar a las mismas tres hipótesis o geometrías que se comentaron antes: la GAR equivalente a la euclidiana, la GAO que descarta pues suponiendo la infinitud de las rectas llega a una contra-

[49]Ver [Dou 1970] o [Saccheri 1733, p. 54].

[50][Lambert 1766/1786]. Lambert escribe esta obra en 1766 pero no se publica hasta después de su muerte en 1786.

[51]Acerca de una posible conexión entre Lambert y Saccheri, se dice en [Saccheri 1733, p. 53] que:

> No está claro si Lambert conoció de primera mano el libro de Saccheri, pero esta hipótesis no es realmente necesaria para explicar su logro dado el genio de Lambert y la abundancia de detalles aportados en la tesis de Klügel.

dicción con los otros postulados,[52] y la GAA. Avanzando en esta última dirección, Lambert se da cuenta de las dificultades para encontrar una contradicción, y prueba una serie de resultados que comparados con los de la GAO y unidos a una, como se verá, fértil observación, le llevan a escribir:[53]

1. Es fácil ver, que asumiendo la tercera hipótesis, se puede ir más lejos y deducir consecuencias análogas, pero diametralmente opuestas a las que se deducen de la segunda hipótesis. Pero por mucho que se busque en las consecuencias de la tercera hipótesis, no aflora ninguna contradicción. Todo esto hace ver claro que no es fácil refutar esta hipótesis. Citaremos algunas consecuencias sin considerar de que manera se pueden extender mutatis mutandi bajo la segunda hipótesis.

2. La más impactante de estas consecuencias es que, bajo la tercera hipótesis, habríamos de tener una medida absouluta de longitud para cada línea, de área para cada superficie y de volumen para cada espacio físico ... Hay algo exquisito en esta consecuencia, ¡por lo que uno quisiera que la tercera hipótesis fuera verdadera!

3. A pesar de esto, no deseamos que sea así, porque traería incontables inconvenientes. Las tablas trigonométricas serían inmensas, no habría figuras semejantes y propor-

[52]Demuestra que dos rectas distintas comparten dos puntos distintos. Esto de nuevo no contradice a la geometría de la esfera donde las rectas son de longitud finita y constante y comparten dos puntos (los polos), pero sí a los cuatro primeros postulados de Euclides y por tanto a su GAO.

[53]Ver *Una revisión de la historia del descubrimiento de las geometrías no euclídeas*, tesis doctoral en la que se incluyen los artículos [Abardia et al. 2012] y [Rodríguez 2006] (la numeración es algo que incluye el autor pero que no está en el original de Lambert como se puede ver en [Engel et al. 1895]).

cionales, ninguna figura se podría imaginar sino sólo en sus magnitudes absolutas, los astrónomos tendrían tiempos difíciles.

4. Pero todos estos argumentos están dictados por amor y odio, cosa que no ha de suceder en geometría o ciencia.

5. Volvamos a la tercera hipótesis. Como hemos visto, bajo esta hipótesis la suma de los tres ángulos de cada triángulo es menor que 180. Pero la diferencia a 180 crece con el área del triángulo, lo que se puede expresar así: si uno de los triángulos tiene más área que el otro, entonces el primero tiene una suma de ángulos más pequeña que el segundo.

6. Añadamos justamente la siguiente observación: teoremas completamente análogos se cumplen bajo la segunda hipótesis, exceptuando que la suma de los ángulos es mayor que 180. El exceso es siempre proporcional al área del triángulo. Al menos esto explicaría el hecho que, contrariamente a lo que sucede con la segunda hipótesis, la tercera ha resistido refutaciones.

7. Pensemos que es extraordinario que la segunda hipótesis se cumple si en lugar de un triángulo plano se considera uno esférico, porque la suma de sus ángulos es más grande que 180 y el exceso es también proporcional al área del triángulo.

8. Lo que más impresiona todavía es que lo que he dicho sobre triángulos esféricos se puede probar independientemente de la dificultad presentada por las rectas paralelas...

9. Me inclino a pensar que la tercera hipótesis es cierta en

> alguna esfera de radio imaginario. De esto habríamos de concluir que la tercera hipótesis se cumple sobre alguna esfera imaginaria. Al menos esto explicaría el hecho que, contrariamente a lo que sucede con la segunda hipótesis, la tercera ha resistido refutaciones.

Estos nueve puntos es lo que [Rodríguez 2006] llama la «Analogía de Lambert», sobre la que dice:[54]

> Me propongo suministrar evidencias suficientes en favor de la hipótesis siguiente: la analogía es el umbral de la geometría no euclidiana; el desarrollo de la analogía es el método de descubrimiento de los resultados cruciales de la nueva geometría.

Es decir, el método heurístico sobre el que se apoyaron Schweikart, Taurinus, Gauss, J. Bolyai y Lobachevsky, los cinco fundadores de las geometrías no euclidianas.

Si fijamos la atención en los cinco últimos puntos, Lambert establece dos resultados para triángulos que se cumplen en el caso de la GAA (punto 5), a saber:

$$A + B + C < \pi$$

$$\mathcal{A}_t = k(\pi - A - B - C)$$

y que son completamente análogos a los de la GAO (punto 6):

$$A + B + C > \pi$$

$$\mathcal{A}_t = k(A + B + C - \pi)$$

siendo A, B y C los ángulos del triángulo en cuestión y k la constante de proporcionalidad.

El punto 7 es clave, pues fija la conexión entre una hipotética geometría (GAO) y una geometría «real» (la de la esfera), lo que le permite dar

[54] [Rodríguez 2006, p. 8].

el salto a la conjetura acerca de la GAA. Como dice, «es extraordinario que la segunda hipótesis se cumple si en lugar de un triángulo plano se considera uno esférico», puesto que en la esfera, la suma de los ángulos de un triángulo es mayor que π y su área es también proporcional a su exceso. En concreto, siendo R el radio de la esfera, se cumple que:

$$\mathcal{A}_t = R^2(A + B + C - \pi)$$

Si ahora nos fijamos en la fórmula del área de un triángulo bajo la HAA y en la de uno en la superficie esférica, vemos que la diferencia es mínima. De hecho si hacemos una sustitución formal en esta última, R por Ri, siendo i la unidad imaginaria:

$$\begin{aligned}
\mathcal{A}_t &= (Ri)^2\,(A + B + C - \pi) \\
&= -R^2(A + B + C - \pi) \\
&= R^2(\pi - A - B - C) \\
&= k(\pi - A - B - C)
\end{aligned}$$

obtenemos la primera. Lambert no lo explicita, pero es muy posible que haya sido esto lo que le llevó a su conjetura (punto 9): «Me inclino a pensar que la tercera hipótesis es cierta en alguna esfera de radio imaginario».

Estas ideas se mostraron tremendamente fructíferas marcando el camino a seguir hacia el desarrollo de la geometría hiperbólica, un camino que culminaría Beltrami poniendo a esta geometría al mismo nivel de consistencia que la euclidiana. Lambert además se encuentra entre los primeros que tuvieron serias dudas sobre la demostrabilidad del quinto postulado (así lo expresa en el punto 1), dudas que incluso le hicieron no publicar su obra consciente de que su «demostración» del axioma de las paralelas era poco rigurosa.[55] Teniendo en cuenta el contexto y el problema, llama la atención su atrevimiento —una característica que se deja ver en otras partes de su obra—, apoyado en una imaginación guiada por la lógica y carente de prejuicios.

1.5. Período itinerante (1759–1765)

Después de un breve descanso en casa de los que habían sido sus pupilos, Lambert parte hacia Mülhausen con el deseo de pasar un tiempo con su familia. Antes hace escala en Zürich donde es recibido con entusiasmo por, entre otros, Johannes Gessner, médico y botánico con el que hace observaciones astronómicas, y es elegido miembro de la Sociedad de Física. En las semanas en las que permanece en la ciudad helvética publica su *Die freye Perspektive*, tratado en el que estudia cómo dibujar con exactitud en perspectiva. Ya en Mülhausen pasa tres meses con su madre (su padre había muerto en 1747), y de ahí marcha hacia Augsburgo. Madre e hijo no se volverán a ver.

En Augsburgo conoce al famoso inventor de instrumentos Georg Friedrich Brander con el que mantendrá una correspondencia de veinte años, y participa como miembro fundador en 1759 en la creación de la *Academia Electoral de Ciencias de Baviera*.[56] El acuerdo al que llegan, es que a cambio de enviar sus memorias y asistirlos en general con sus consejos, él recibiría el título de profesor honorario y una pensión de 800 florines, pudiendo además establecerse libremente más allá de los

[55]En relación a estas dudas ver [Dou 1970, pp. 400, 401, 411 nota 38].

[56]La *Churfürstliche Akademie der Wissenschaften* [Sheynin 2010, p. 149 nota 9]. Lambert aparece citado como miembro fundador de la Academia en [Calinger 2016, p. 563 nota 51] y en la web de la *Bayerische Akademie der Wissenschaften*. [Thiébault II 1806, p. 291] dice que «fue nombrado director», aunque en la web antes citada el primero que aparece como presidente ya desde 1759 es Sigmund Ferdinand Graf von Haimhausen.

límites de Baviera, una flexibilidad poco común que da muestra de la categoría y reputación que Lambert tenía ya como científico. Esto le permitiría proseguir con sus investigaciones de una forma relativamente segura y estable, fijando su atención en terminar definitivamente los trabajos sobre los que le había hablado a Haller en su carta.

El primero de ellos fue su *Fotometría*, trabajo que termina en 1760 y en el que trata el comportamiento de la luz al atravesar diferentes medios (por ejemplo yeso o papel), llegando de forma independiente a resultados establecidos años atrás por Pierre Bouguer, verdadero pionero en el tema, y ampliando sus investigaciones. Un año más tarde, motivado por su encuentro con el gran cometa de 1744, publica un pequeño trabajo, *Propiedades de las trayectorias de los cometas*,[57] en el que aparece su famoso teorema sobre las órbitas elípticas aplicado posteriormente por Olbers para calcular las órbitas de los comentas.[58]

Pero quizá más interesantes son sus *Cartas cosmológicas* que publica el mismo año,[59] y que muestran a un Lambert que rompe con las corrientes dominantes de la Ilustración, para abogar por una concepción más propia del Romanticismo. Esto se ve claramente en su visión organicista del Universo. Ver el Universo como un todo, similar a como puede funcionar un organismo, chocaba con la concepción mecanicista imperante. Pero también se ve en su forma de razonar su estabilidad: este es una obra hecha por Dios según sus intenciones; crearlo para que después se destruyese no tendría sentido, con lo que el fin del Universo es la conservación de la vida, de ahí su establidad. El recurso del argumento teleológico muestra otra clara diferencia con las corrientes principales,[60]

[57][Lambert 1761a].

[58]El método de Olbers es usado aún hoy en día.

[59][Lambert 1761b].

[60]De todos modos, aunque el mecanicismo frente a la teleología ciertamente era la tendencia general (por ejemplo en Francia eran ideas muy comunes), no era la única posibilidad. En Alemania eran de enorme influencia las ideas de Wolff, aprendidas por Lambert en sus primeras lecturas, y a través de este las de Leibniz, quien defendía que

Figura 1.5: Retrato de J. H. Lambert por Frédéric-Emile Simon alrededor de 1836 (en el *Catalogue général Gallica*. El original en la *Bibliothèque nationale et universitaire de Strasbourg*).

en las que se exigía que todo fuera explicado en términos de movimiento y no echando mano de las causas finales.[61]

Lambert en este trabajo intentando dar una respuesta acerca de la Vía Láctea —un tema abordado durante este siglo y en el que destacan las contribuciones teóricas de Emanuel Swedenborg, Thomas Wright e Inmanuel Kant— propone un cosmos jeranquizado: el Sol con los planetas forman un sistema de primer orden, el Sol con algunos millones de estrellas forman un sistema de segundo orden, y agrupaciones de estos últimos formarían sistemas de tercer orden uno de los cuales sería nuestra Vía Láctea (incluso especula sobre la existencia de posibles sistemas de cuarto orden, cúmulos de galaxias, formando el universo). El verdadero problema que entrañaba el estudio del Universo y que había llevado a Kant a afirmar que la cosmología no podía constituir una ciencia en sentido estricto, era que se perdía el contacto empírico directo. Para poder responder a ciertas preguntas había que dejar paso a la especulación y a la imaginación, aunque sin perder de vista la experiencia; lo que algunos autores llaman «empirismo imaginativo»[62] y que no sólo se puede ver en Lambert. Con este tipo de recursos que le llevaron a imaginarse un Universo estable formado por sistemas de diferente orden, estaba incurriendo en un riesgo del que era consciente. En cualquier caso, sus propias palabras no dan muestra de que estuviese demasiado preocupado por ello:

> Puedo considerar mis conclusiones como un modelo de gran osadía, sobre todo porque vivo en tiempos, en los que la libertad para ordenar la naturaleza según el propio criterio ha sido desterrada del todo. Y yo no ordeno sólo partes aisladas

---

mecanicismo y teleología no sólo no estaban reñidos sino que la fuente de la mecánica eran las causas finales.

[61] [Hankins 1988].

[62] Por ejemplo [Martín et al. 2007] que es de quien me he valido en lo que a este trabajo de Lambert se refiere.

> sino toda la Naturaleza y el entorno completo de la Creación según mi criterio. ¿Se puede ser más descarado? [63]

El impacto de sus ideas en algunos de los científicos de la época fue enorme, aumentando su reputación y contribuyendo aún más a su fama de genio.[64]

Ese mismo año luego de sus últimas publicaciones emprende numerosos viajes. Visita la Universidad de Erlangen para luego dirigirse a Chur y a Zürich, donde es elegido miembro honorífico de la Sociedad de Física «como una persona cuya mente penetrante revela las verdades en las más difíciles ciencias, descubre otras nuevas y revela secretos»,[65] para en el verano de 1762 volver a Chur donde permanece hasta el otoño. De aquí va a Italia y en diciembre de 1763 llega a Leipzig donde se vuelca en sus trabajos sobre filosofía —trabajos que tuvieron un enorme impacto, sobre todo en Alemania— y que finalmente publica en 1764 en dos partes bajo el título de *Neues Organon*.[66]

Es también en esta época cuando se viene abajo el soporte económico que le permitía actuar con cierta tranquilidad. A raíz de diferentes discrepancias que surgen entre la Academia de Baviera, que le echa en cara no tener suficientemente en cuenta sus intereses, y Lambert, que les reprocha haber descuidado sus consejos, las relaciones entre ambos llegan a su fin, dejando éste de percibir su pensión como miembro. Lo que le escribe a Euler por carta apunta en esta dirección:[67]

---

[63] [Martín et al. 2007, p. 303].

[64] En cartas reproducidas en [Sheynin 2010], se pueden encontrar en relación a este trabajo comentarios como: «Lambert es el intérprete y rival de Newton...» o «Lambert, uno de los más asombrosos genios del siglo XVIII...». Es cierto sin embargo, que algunos de los que lo adulan no tienen reparo en criticarlo debido a la falta de claridad que muestra en sus escritos (de todos modos hay opiniones en diferentes sentidos).

[65] Wolf en [Sheynin 2010, p. 159].

[66] [Lambert 1764].

[67] A fecha de 12 de julio de 1762 [Bopp 1924, p. 28]. [Thiébault II 1806, p. 291] viene a decir que Lambert decidió irse debido a los problemas en los que le habían metido

> Es también de manera inesperada para mí y sin hacer uso de mis observaciones sobre el Mpt. [¿?] que se ha publicado la Observación de ♀ en ⊙ que los Académicos habían hecho en Múnich.[68] De seis observaciones no han publicado más que dos, las que parecían concordar mejor, y he tenido que ver esta obra impresa en una revista, y que los editores no tuviesen Escrúpulos, de tratar las conclusiones de sospechosas. Parece de esta forma, que la Academia se cree que se basta consigo misma, puesto que de lo contrario yo habría tenido más parte en estos procesos, que evidentemente nunca habrían tenido lugar.

Esto lo coloca en una situación delicada de la que aparentemente no se preocupa demasiado, pues rechaza una oferta de la Academia de San Pertersburgo. En realidad, su mente hacía tiempo que estaba en Prusia, concretamente en Berlín y su Academia de Ciencias, en la que esperaba conseguir la ansiada estabilidad con la ayuda de Sulzer y Euler.

1.6. Estabilidad y últimos años. Lambert y la Academia de Ciencias de Berlín (1765–1777)

Desde principios de siglo, habían empezado a surgir en diferentes lugares de Europa —consecuencia del nuevo panorama— numerosas sociedades y academias, que con el apoyo de intelectuales y mandatarios más o menos integrados en el movimiento ilustrado, tomaron como ob-

---

algunos rivales envidiosos que tenía dentro de la Academia. Al parecer Euler era de la opinión de que la relación de Lambert con la institución había empeorado debido a las diferencias religiosas entre los suizos protestantes y los jesuitas [Sheynin 2010, p. 172 nota 22]. La referencia en [Calinger 2016, p. 562 nota 51] —«Protestante [Lambert], no podía trabajar con los jesuitas de Baviera»— parece desmesurada.

[68] Los símbolos representan a Mercurio y al Sol respectivamente.

jetivo el estudio y la investigación crítica; aquí ya se han citado varias.[69] El papel que jugaban era importante, primero en lo que se refiere a la ciencia, pues las universidades de la época eran reacias a su enseñanza e investigación,[70] y segundo en lo que se refiere a los científicos, pues proporcionaban una estabilidad difícil de conseguir de otra forma.

Una de las que más relevancia acabaría teniendo en el siglo XVIII fue la Academia de Ciencias de Berlín, aunque su comienzo estuvo repleto de dificultades.[71] La Academia es fundada por el primer Rey de Prusia Federico I de Prusia y III de Brandeburgo (1657–1716), conocido como «El Elector», por consejo de Leibniz el 11 de julio de 1700 coincidiendo con el cumpleaños del rey. En realidad el motor real (y Real) detrás de la instauración de la Academia fue su segunda esposa, la Princesa Sofía Carlota de la casa de Hannover, quien había apoyado económicamente a Leibniz para llevar a cabo su empresa. Con dificultades desde el principio —por problemas de financiación no se inaugura hasta 1711— Leibniz, que muere en 1716, no logra ver en vida cómo la institución consigue un lugar destacado entre las Academias y Sociedades dominadas por la de Londres, la de París y la de San Petersburgo.

En un primer momento, la Academia, que se había fundado bajo el nombre de *Societas Regia Scientiarum*, emitía publicaciones periódicas en su *Miscellanea Berolinensia* para difundir —de la misma forma que lo hacían sus homólogas europeas— las investigaciones llevadas a cabo por

[69]Los modelos sobre las que se construyeron fueron la Royal Society de Londres (1662) y la Academia de Ciencias de París (1666).

[70]Los primeros que hicieron un hueco a otro tipo de materias diferentes de las clásicas que ya se daban en las universidades fueron los pietistas, quienes en sus importantes reformas educativas introdujeron novedades como la enseñanza de la geometría y la mecánica [Blanning 2000, p. 145].

[71]Las fuentes consultadas sobre la Academia de Ciencias de Berlín son: [Thiébault I 1806], [Thiébault II 1806], [Cajori 1927], [Aarsleff 1989], [Begehr et al. 1998] y [Calinger 2016] (sobre todo, aunque no solo, el capítulo 6), además de cierta correspondencia que será citada a su debido tiempo.

sus miembros. Estas se enmarcaban dentro de las cuatro clases en las que se dividía en su primera etapa: la clase de física, medicina y química; matemáticas, astronomía y mecánica; lengua alemana e historia; y literatura, con especial énfasis en escritos orientales para los misioneros que llevaban el Evangelio al Este.[72] En cualquier caso, las primeras actividades de la institución apenas tuvieron repercusión, y bajo el mandato de su hijo y segundo Rey de Prusia Federico Guillermo I de Prusia (1688–1740) conocido como «El Rey Sargento» —un hombre más preocupado por menesteres militares que académicos— la recién creada Academia sin apenas apoyos no solo no mejoró, sino que a punto estuvo de desaparecer. Baste como ejemplo del respeto que estos asuntos le merecían, el que nombrase como vicepresidente de la Academia al bufón real de la corte.[73] Pero a partir de 1740, año en el que el tercer Rey de Prusia Federico II «El Grande» (1712–1786) asciende al trono, las cosas aunque lentamente empiezan a tomar un cariz distinto.

Antes incluso de convertirse en rey, en torno a 1736, su correspondencia con Voltaire muestra ya la preocupación del futuro monarca por el mal estado de la vieja Academia, y el interés en hacer de ella una digna competidora en el panorama europeo. La elección del presidente para llevar a cabo este reflotamiento era de vital importancia, por supuesto desde un punto de vista académico pero también publicitario, y al parecer fue precisamente Voltaire debido a su fama la primera elección de Federico, pero tras la negativa, todos los esfuerzos se dirigieron hacia Maupertuis, un hombre que en su tiempo «disfrutaba de la más alta celebridad».[74] Maupertuis acabaría aceptando la presidencia de la Academia en 1746, pero en un primer momento —el francés llega a Berlín en 1740— los planes del rey de revitalizar la descuidada institución se vieron relegados a un segundo plano por su incursión en la Guerra de

[72][Calinger 2016, p. 177].
[73][Calinger 2016, p. 177].
[74][Thiébault II 1806, p. 282].

Silesia.

Entre los que también reclamaban la pronta atención del monarca se encontraba Euler, quién después de negociar las condiciones de su contrato, había aceptado la oferta que le había propuesto Federico:

> Haz lo que puedas por contratar a M. Euler, el gran algebrista, y si puedes tráelo contigo. Le daré diez o doce mil escudos de salario.

le escribe a su amigo y embajador en San Petersburgo Ulrich Friedrich von Suhm tan solo 15 días después de su ascenso.[75] El sueldo de Euler que finalmente se había negociado hasta los 1600 escudos para igualar lo que le ofrecían en Rusia para quedarse —compárese con el sueldo medio de los «miembros junior» de la Academia que era de unos 300 táleros[76]—, da una idea de la importancia que Euler tenía para el rey en su proyecto.

Euler, que llega a Berlín el 25 de julio de 1741 impaciente por ponerse a trabajar en la nueva Academia, también se encuentra de frente con un escenario poco alentador. Por más que insiste, durante el siguiente par de años el rey está demasiado ocupado en el frente como para centrarse en otras cuestiones, así que con la ayuda de intelectuales franceses de la ciudad y nobles de la corte dan vida a la *Nouvelle Société littéraire* (1743), una especie de paso intermedio entre la vieja *Societas* y la que vendría a ser la nueva Academia, y que se reuniría semanalmente para dar cuenta de los resultados obtenidos por sus miembros. Clasificada en tres clases —matemáticas, literatura y física— quedaría dividida en 20

[75] A fecha de 14 de junio de 1740 [Preuss 1850, p. 391].

[76] [Calinger 2016, p. 170]. Como se ve, en algunos casos se habla de escudos franceses —por ejemplo en esta carta o en otra de Lagrange que se citará más adelante— y en otros se habla del táleros («reichsthaler») como en el caso de Calinger, que es presumiblemente la moneda utilizada para el pago de los salarios. De todos modos téngase en cuenta que la equivalencia en aquella época era de 1 escudo = 1 tálero [Kindleberger 2006, p. 475].

miembros ordinarios y 16 honorarios o aristócratas. La mitad de ellos eran franceses hugonotes y el idioma oficial sería el francés, lo que da muestra de la fuerte presencia de franceses en la ciudad en torno a esta época,[77] la fuerte influencia de la Ilustración francesa, y los propios gustos afrancesados del rey.[78] La idea era que esta *Nouvelle Société* se convirtiese en la nueva y definitiva sociedad, pero finalmente se fusionó con la antigua creando la *Académie Royale des Sciences et Belles-Lettres de Prusse*, que aprobaría sus estatutos fundacionales aprovechando el 32º cumpleaños del rey, el 23 de enero de 1744.

De todos modos, como se suele decir, las cosas de palacio van despacio, y no es hasta el 3 de marzo de 1746 que la Academia hace a Maupertuis presidente de manera oficial, y hasta la sesión plenaria del 2 de junio del mismo año que se lee la constitución de la nueva Academia. Por iniciativa del nuevo presidente, se establece la obligatoriedad para todos los miembros de asistir a las sesiones plenarias semanales que se celebrarían cada Jueves sin importar la clase a la que perteneciesen, una novedad respecto a otras academias que daba a sus miembros un conocimiento más amplio acerca de las principales líneas de investigación llevadas a cabo en los diferentes campos de estudio. En dichas sesiones, además de dar cuenta de distintas actividades, los miembros debían leer sus trabajos, pudiendo elegir para hacerlo tanto el latín, como el alemán o el francés. En cualquier caso como escribió Maupertuis:[79]

> El latín ha sido sustituido para asegurar una más amplia lectura de las *Mémoires*, ya que el conocimiento del latín está claramente disminuyendo mientras que la lengua Francesa

[77]Ver [Calinger 2016, pp. 195, 196]. [Aarsleff 1989, p.194] da el dato de que en torno a 1740 un 20 por ciento de la población eran hugonotes, un alto porcentaje de los cuales probablemente habían escapado de Francia por las persecuciones religiosas —como se comentó al principio del capítulo— y habían sido acogidos por Federico Guillermo I de Brandenburgo «El Elector» (1620–1688), él mismo calvinista.

[78]Su propia educación había corrido a cargo de hugonotes [Aarsleff 1989, p.194].

[79]Citado en [Aarsleff 1989, p.196].

> hoy está casi en la misma situación que el Griego en los tiempos de Cicerón; se enseña en todos lados y la gente busca con entusiasmo libros escritos en francés.

Así que es teniendo como principal objetivo su internacionalización, que los trabajos susceptibles de ser incluidos en las *Mémoires* de la Academia debían estar escritos en la lengua vehicular.

La Academia queda dividida en cuatro clases, una división ligeramente distinta a la de la *Nouvelle Société littéraire* tres años antes. Tres de ellas —la primera, la segunda y la cuarta— en base a los temas que se trataban en las academias en las que esta se basaba, pero la tercera clase era de cosecha propia y más concretamente de propia iniciativa del rey. En la anteriormente citada sesión plenaria del 2 de junio de 1746, se establece la división en los siguientes términos:[80]

1. La Clase de Filosofía experimental comprenderá la Química, Anatomía, Botánica y todas las ciencias que se basan en la experiencia.

2. La Clase de Matemáticas comprenderá la Geometría, Álgebra, Mecánica, Astronomía y todas las ciencias que tienen como objeto el estudio abstracto, o los Números.

3. La Clase de Filosofía Especulativa se aplicará a la Lógica, a la Metafísica y a la Moral.

4. La Clase de Belles Lettres comprenderá las Antigüedades, la Historia y las Lenguas.

En esa misma sesión se especifican ciertos puntos que Dieudonné Thiébault, él mismo miembro de la Academia desde el 5 de abril de 1765, sintetiza en [Thiébault II 1806, p. 283]:

---

[80]Se puede ver la transcripción de dicha sesión plenaria en la página web del *Archive of the Berlin-Brandenburg Academy of Sciences and Humanities.*

> Toda discusión teológica y política quedaba excluida de la Academia. Cada clase tenía un director, que era escogido por su propio organismo, y estando compuesto de seis miembros residentes, el número de académicos ordinarios se extendía a 24, además del secretario perpetuo y el presidente.

En vista a sufragar los gastos ocasionados por la Academia en forma de alojamientos, edificios o salarios, Thiébault continúa diciendo que:

> el rey asignó a su academia, además de los edificios y las tierras necesarias, primero, algunas extensiones de plantaciones de moreras, sobre las que se había puesto gran expectación, pero que finalmente resultaron ser de poco valor; segundo, el privilegio exclusivo de publicar los edictos del rey y las cartas geográficas, que apenas fueron más productivas que lo anterior; tercero, el privilegio exclusivo de componer y publicar los almanaques, un artículo que, aunque insignificante en apariencia, es la principal fuente de riqueza de la Academia.

Las cuatro clases antes mencionadas serían un referente en la Europa del momento. En ellas se haría investigación de primer nivel, y la clase de filosofía especulativa —única en Europa, y el orgullo de la Academia— le daría a la Academia reconocimiento internacional dada su unicidad.[81] En cualquier caso, no hay que olvidar que, a pesar de la clara animadversión de Federico hacia las matemáticas,[82] gran parte de la fama y alta estima la obtendría gracias a haber tenido entre sus miembros a cuatro de los más destacados matemáticos de su tiempo: Euler —director de la clase de matemáticas—, Lagrange —sustituto de Euler tras su marcha a Rusia—, Johann III Bernoulli —llamado por el rey en 1764 para reorganizar el observatorio astronómico— y Lambert.[83]

[81] [Aarsleff 1989, p. 198].

[82] A este respecto ver [Cajori 1927].

[83] [Begehr et al. 1998, pp. 1, 6].

Lambert, con la mirada puesta en la Academia de Berlín, intenta con la ayuda de Euler y Sulzer conseguir el favor del rey, y Sulzer que lo había invitado en numerosas ocasiones a Berlín y ejercía de director del departamento de filosofía, se vuelca en ello. A pesar de que al principio no consiguen nada —Euler lo había propuesto en 1761 como miembro regular y había sido aceptado unánimemente, pero el rey en un intento de hacerse con el control de la Academia después de haber estado ausente durante la guerra, rechaza el nombramiento[84]— cuando Lambert llega a Berlín definitivamente deciden reactivar los intentos. Sulzer es llamado a Potsdam donde Federico tiene su casa de verano, y allí se ocupa de hablar con pasión del candidato, al que admira profundamente, a la gente cercana al rey, con la intención de que llegue a sus oídos. Como resultado, cuando Sulzer vuelve a Berlín le está esperando una carta que le insta a enviar a Lambert a Potsdam al día siguiente para poder tener una entrevista con él. Conscientes de su extraño comportamiento y con miedo a que la audiencia pudiese salir mal, objetan que su equipaje aún no ha llegado, a lo que el rey responde que quiere ver al hombre y no a su ropa. Su último cartucho fue advertirle de que no podría presentarse con la apariencia adecuada, contestando que entonces lo llevasen por la noche y con la luz apagada. Finalmente la entrevista se produce:[85]

[84][Calinger 2016, p. 428].

[85]Esta anécdota se reproduce en casi toda biografía de Lambert, por eso es más interesante si cabe saber de su autenticidad. Lo más cerca que se puede estar de lograrlo es echando mano de los relatos de aquellos que hubiesen oído las opiniones del mismo monarca en la cena de ese mismo día, en el que Federico se quejó de las maneras de Lambert, o de algún otro miembro de la Academia que hubiese oído algo a posteriori. La versión que se da aquí es la que relata Dieudonne Thiébault en [Thiébault II 1806, p. 293], quién por cierto en [Thiébault I 1806, p. vi] dice:

> La primera regla que me impuse a mí mismo al emprender este trabajo, y de la que no me he desviado nunca siquiera en pensamiento, fue escribir con la más estricta fidelidad respetando los hechos que contendría. Declaro solemnemente, que ni una sola palabra aparece aquí que no tenga mi entera creencia. Algunos lectores opondrán quizá a esta aseveración, las conversaciones particulares que he puesto en los labios

F: *Buenos días, Señor. Hágame el favor de decirme qué ciencia ha estudiado particularmente.*

L: *Todas ellas, señor.*

F: *¿Es usted, entonces, también un matemático experto?*

L: *Sí, Señor*

F: *¿Y con qué profesor ha estudiado la ciencia de las matemáticas?*

L: *Fui mi propio instructor, Señor.*

F: *Así pues, ¿es usted un segundo Pascal?*

L: *Sí, Señor.*

A pesar de que la impresión que dejó la reunión en un ingenuo Lambert fue positiva, la que valía era la de Federico, poco acostumbrado a un lenguaje tan soberbio, y esta fue pésima. Sulzer se esforzó vía carta en hacer ver a la gente del rey que no debían poner la atención en las pequeñeces sino en su enorme conocimiento, y que dado que volvía a recibir ofertas desde Rusia, corrían el riesgo de perder la oportunidad de ingresar entre sus filas a un hombre de gran valía.[86] Federico se dejó aconsejar sabiamente y, aunque «M. Lambert no era menos merecedor de ocupar una plaza en la clase de matemáticas o filosofía especulativa, que en la de filosofía natural; esto lo demuestran sus trabajos»,[87] final-

---

> de la mayor parte de las personas que figuran en mi escena, tales como Federico, Maria Theresa, &c. Con respecto a esto puedo afirmar que no solo no he atribuido a mis interlocutores opiniones que no fueran realmente las suyas; sino que puedo más aún asumir el declarar, que la misma forma y modo de presentar la opinión es genuina y no de mi propia invención.

En [Sheynin 2010, pp. 144, 172 nota 30] se pueden leer otras versiones de la misma entrevista, la primera de ellas de Formey en su *Elogio a Lambert* —bastante abreviada— y la segunda de Graf prácticamente idéntica.

[86]Ver [Cajori 1927, p. 127].

[87][Thiébault II 1806, p. 290].

mente fue incluido como parte de la sección de Física Experimental el 10 de enero de 1765. En cualquier caso, el rey deja claro en una carta a d'Alembert la impresión que le fue causada por el nuevo inquilino de la Academia:[88]

> Prácticamente se me ha forzado, por así decir, a coger a la criatura más hosca que haya en el universo para incluirla en nuestra Academia. Se llama Lambert, y, aunque puedo comprobar que no tiene sentido común, se dice que es uno de los más grandes geómetras de Europa. Pero, como este hombre ignora las lenguas de los mortales y no habla más que de ecuaciones y Álgebra, no tengo la intención a corto plazo de tener el honor de entretenerme con él. Por el contrario, estoy muy contento con M. Toussaint, al que he adquirido. Su ciencia es más humana que la del otro. Toussaint es un habitante de Atenas, y Lambert un Caribe o algún salvaje de las costas de la Cafrería. Sin embargo, toda la Academia se pone de rodillas ante él, hasta Euler, y este animal, totalmente embarrado de la más sucia pedantería, recibe estos homenajes como Calígula recogía los del pueblo romano, queriéndose pasar por dios. Os ruego que estas pequeñas anécdotas de nuestra Academia no salgan de vuestras manos.

La imagen que los miembros de la Academia tenían de Lambert como «uno de los más grandes geómetras de Europa», sirvió para que Federico se decantase por elegirlo como nuevo fichaje, pero no para endulzar su opinión sobre él. La respuesta que le da el francés deja claro que si de él hubiese dependido, Lambert no habría sido elegido nuevo miembro:[89]

> Solo estoy familiarizado con un trabajo de M. Lambert, el

[88]No tiene fecha pero probablemente sea de enero de 1765 [Lalanne 1882, p. 142 nota 1].

[89]A fecha de 1 de marzo de 1765 [Holcroft Vol. 11 1789, pp. 20, 21].

> cual es bueno, pero no me parece comparable a ninguno de los trabajos de Euler; y si el último se pone de rodillas ante M. Lambert, tal y como su majestad me ha concedido el honor de informarme, debemos decir de Euler como ha sido dicho de La Fontaine, que fue suficientemente insensato como para creer que Esopo y Fedro tenían mejor juicio que él mismo. No es que pretenda menospreciar el mérito de M. Lambert, que debe ser muy sustancial, ya que es algo declarado por la Academia al completo: pero hay más de un lugar honorable en el templo de las ciencias; si creemos en el evangelio, hay varias mansiones en la casa del padre celestial. M. Lambert quizá sea sumamente merecedor de ocupar uno de esos lugares. Me informan además de que ha escrito varios trabajos excelentes, los cuales nunca he leído. Lo vería tolerablemente bien preparado cuando estuviese, por hablar matemáticamente, en el mismo ratio con Euler como Descartes y Newton lo están con Bayle, de acuerdo con su majestad; o como Bayle lo está a Descartes y Newton, de acuerdo con un matemático conocido suyo; o, de nuevo, por usar una comparación que no es tema de contradicción, en la misma proporción como Marco Aurelio y Gustavo Adolfo lo están a un monarca a quién no oso nombrar.

Parece claro que el que el rey no hubiese pedido consejo a d'Alembert antes de incorporar a Lambert a las filas de la Academia fue un golpe de suerte para este —en contra de lo que sugiere [Aarsleff 1989, p. 204][90]—, puesto que su influencia sobre Federico en lo que a la contratación de nuevos miembros se refiere era enorme, ejerciendo (vía carta) desde París casi como el presidente en las sombras,[91] una actitud que desagradaba

[90]«Probablemente fue también bajo la recomendación de d'Alembert al rey que Johann Heinrich Lambert fue nominado».

[91]De hecho si no era presidente era porque no quería, puesto que después de la muerte de Maupertuis en 1759 el rey se lo había ofrecido y pedido por activa y por

a algunos de los académicos.[92]

D'Alembert, que en la carta anterior corrige al rey intercambiando los roles entre la pareja Descartes-Newton y Bayle en base a su (más autorizado) criterio, recibirá en los años siguientes noticias de primera mano acerca de esa alta estima que los miembros de la Academia tenían de Lambert. De hecho en 1769 le pide a Lagrange —quién había sustituido a Euler como director de la clase de matemáticas tras su marcha en 1766 precisamente por consejo de d'Alembert— referencias sobre él:[93]

> A propósito de vuestra Academia, siempre me olvido de preguntarle lo que piensa de M. Lambert; lo que he leído de él hasta el momento no me parece de la mayor relevancia: se dice sin embargo que Euler lo tiene en gran estima.

Téngase en cuenta que en 1769 Lambert ya había publicado trabajos de gran calidad (entre ellos la *Mémoire*). Este hecho, acreditado por las opiniones altamente positivas de algunos de sus contemporáneos más ilustres —el caso de Euler es notable—, hace ver que esta falta de reconocimiento probablemente se basase en una falta de conocimiento acerca de su obra.[94] La respuesta de Lagrange —otro gigante del XVIII— en julio de ese mismo año, apuntala esta idea:[95]

> M. Lambert, sobre el que usted desea saber mi opinión, es sin lugar a dudas uno de los mejores sujetos de nuestra Academia; es muy trabajador y sostiene prácticamente solo nuestra Clase de Física. Domina el Análisis, pero su fuerte es la Física sobre la que ha proporcionado una obra estimada, titulada

pasiva.

[92]Tal es el caso de Euler a quién le parecía inaceptable [Calinger 2016, p. 431].

[93]A fecha de 16 de junio de 1769 [Lalanne 1882, p. 135].

[94]Ha de tenerse en cuenta en cualquier caso, que gran parte de los trabajos de Lambert están escritos en alemán, lo que muy probablemente disminuyó su alcance y difusión.

[95]A fecha de 15 de julio de 1769 [Lalanne 1882, p. 141].

> *Photometria*, es decir sobre la medida de la luz; hay sobre todo una excelente Memoria suya sobre el imán en el Volumen de 1766.

La alta estima que tenían de él sus colegas en la Academia era por lo tanto clara, aunque no solo era conocido y reconocido por sus conocimientos sino también por su peculiar, por así decir, comportamiento. Lagrange, al que Lambert tampoco dejó indiferente al principio, continua diciendo:

> Por lo demás, hay algo singular en su actitud y en su conversación que desagrada en un primer momento, y no me sorprende que al rey no le haya gustado, habiendo tenido yo mismo dificultades para adaptarme a sus maneras. Él estaba o por lo menos me pareció tan orgulloso de sí mismo, cuando llegué aquí, que tomé la decisión de no frecuentarlo, pero al mismo tiempo de no dejar pasar oportunidad alguna de hacerle de menos; esto lo ha vuelto bastante más tratable, y en la actualidad somos bastante buenos amigos. No recibe más que 500 escudos de la Academia, y, si usted tiene la ocasión de procurarle un aumento, le aseguro que haría una buena obra, ya que es ciertamente uno de los miembros a los que más le debe nuestra Academia.

En su discurso de recepción, *Discurso sobre la física experimental natural* del 24 de enero de 1765, Lambert deja claro que su principal empresa es abordar la teoría del fuego y del calor que ya había tratado años atrás, de una manera más completa y sistemática en su *Pirometría*, «¡Ocupación vasta y complicada, como jamás la haya habido!».[96] Pero también lo dedica a defender su visión de la ciencia como un todo, explicando de qué manera están interconectadas las diferentes ramas del saber. Desde las conexiones entre la matemática y la física, tema de

[96] [Lambert 1765, p. 215]. Esta obra sólo aparecerá tras su muerte.

debate como ya se apuntó durante todo el siglo y que él equilibra en una síntesis entre empirismo y racionalismo, base de su metodología y filosofía; a la relación que existe entre la ciencia y la poesía o entre la física y la historia. En relación a este discurso, Thiébault cuenta una anécdota exquisita y que a pesar de ser larga sin duda merece un puesto en esta biografía, pues muestra claramente, como él mismo dice, «la simplicidad, ingenuidad y franqueza del carácter de M. Lambert»:[97]

> El nuevo académico estaba ahora empleado en componer su discurso inaugural, y determinó resolver en él una cuestión de importancia acerca de la reflexión de la luz. Aún tenía, sin embargo, a estos efectos algunos experimentos que verificar, para lo que necesitaba un espejo grande, mientras que su stock de accesorios ofrecía solo un pequeño espejo de bolsillo apenas suficientemente largo como para permitirle ajustar su peluquín con él. El mejor remedio que se le ocurrió fue entrar en la principal cafetería de Berlín, situada en el lado opuesto al castillo. Al entrar en una de las estancias de la primera planta, hizo una reverencia de la manera en la que acostumbraba, sin mirarlos, y moviendo su cabeza diagonalmente de un lado a otro a algunos oficiales y otras personas de la ciudad, [...] se dirigió hacia un espejo grande situado casualmente en la parte más luminosa de la sala; entonces desenvainó su espada, la apuntó como si lo hiciese contra un adversario, retrocedió, avanzó, en resumen, actuó como si se tratase de un enfrentamiento real, meditando al mismo tiempo profundamente sobre lo que veía y hacía. Realizó sus experimentos por espacio de media hora, sin la menor consciencia de que los espectadores, que ni lo conocían ni sabían qué pensar de la exhibición que habían presenciado, habían concluido que era un lunático, y estaban de hecho preparán-

[97]Tanto esta cita como la que viene, en [Thiébault II 1806, p. 295].

> dose para sujetarlo y desarmarlo si fuese necesario. Cuando Lambert hubo acabado sus experimentos y sus reflexiones, guardó tranquilamente su espada en su funda, lanzó una mirada de indiferencia sobre aquellos que lo rodeaban, les hizo una reverencia de la misma forma que cuando entró, y volvió a casa para componer una memoria digna de la admiración del docto.

Los doce años que permaneció en la Academia fueron los mejores de su vida, aunque al principio —como ya debió quedar claro— su peculiar personalidad complicó las relaciones con sus compañeros. Desde luego era una persona poco propensa al quedar bien, y algo que no se le puede achacar es que no dijese las cosas tal como las pensaba. [Thiébault II 1806, pp. 296 y 297] cuenta cómo en una ocasión le preguntó a quiénes consideraba los mejores geómetras vivos. Lambert coloca a Euler y d'Alembert en el primer puesto de su ranking y argumenta:

> no porque sus cualidades sean similares en todos los aspectos, sino porque cada uno tiene eminentes cualidades que compensan aquellas carentes en el otro. M. Euler tiene más simplicidad y prontitud, quizá incluso una mayor abundancia, que M. d'Alembert; M. d'Alembert tiene más sutileza, sagacidad y elegancia, que M. Euler. En profundidad de entendimiento y fertilidad de invención son iguales. Es imposible dar preferencia a uno o a otro.

Siguiendo con su ranking, Lambert dice:

> M. de la Grange es a día de hoy el segundo: digo a día de hoy, porque hay razones de sobra para creer que no permanecerá mucho tiempo inferior al primero. El tercero soy yo mismo. No procedo más allá en esta clasificación, porque no conozco a ningún otro geómetra que merezca ser nombrado.

Al parecer, un joven profesor de matemáticas que daba clase a los estudiantes de artillería, no solo discrepaba con él en este último detalle sino que se colocaba a sí mismo como tercero. Cuando se topó con Lambert y le hizo saber su propuesta, el suizo le respondió con una carcajada.

Es quizá por detalles como este, que Johann III Bernoulli, uno de sus mejores amigos, y de hecho uno de los que mejor lo conocían, escribió sobre él:[98]

> Lambert lanza sombras sobre sus grandes méritos con su inimaginable arrogancia. En parte hizo que perdiésemos a Euler,[99] y entre sus colegas solo se lleva bien conmigo [...] Su conversación en todas las ciencias es instructiva. Si no le preguntas más que por sus propias ideas, y no lo interrumpes o lo contradices, hablará durante tres horas como si leyese

[98]A fecha de 11 de octubre de 1766. Citado por Wolf en [Sheynin 2010, p. 164].

[99]Sheynin abre también aquí una nota (en [Sheynin 2010, p. 173]) para intentar arrojar un poco de luz sobre esto. La idea que se puede extraer leyendo la literatura al respecto —sin pretender estar mejor informado que el propio Bernoulli— es que Lambert pudo ser solo una gota más en el vaso casi lleno de un Euler quemado. Por muy buen matemático que fuera, para el rey, Euler nunca estaría a la altura de un d'Alembert o un Voltaire, hombres con la clase y la conversación necesaria para adornar sus tertulias. Más aún, cuando Maupertuis casi al final de su vida empezó a pasar estancias largas fuera de Berlín, y también desde su muerte, Euler hacía las veces de presidente de la Academia pero sin ser nombrado como tal a pesar de las recomendaciones de d'Alembert, algo que perfectamente podría haber sentido como una falta de reconocimiento a su arduo, brillante y voluminoso trabajo. El rey debía desconfiar de las habilidades administrativas del suizo, y lo culpaba de los elevados gastos de la Academia durante la guerra. Cuando ordenó una comisión para investigar por qué los ingresos habían descendido tanto, comisión dirigida por el propio Euler y en la que Lambert figuraba entre sus miembros, las tensiones entre ambos empeoraron. Lo que parece claro entonces, es que Lambert pudo ser en tal caso una gota más, aunque —puntualiza Sheynin en su nota— sin ninguna intención de serlo. [Calinger 2016, p. 442] despacha el asunto diciendo que la idea de que Lambert fuese el culpable de la marcha de Euler es equivocada.

de un libro.

En cualquier caso, su talento estaba fuera de toda duda, y al cabo de los años ellos mismos acabarían por convencerse de que su comportamiento se debía más a la excesiva ingenuidad y a una deficiencia en su capacidad de relacionarse socialmente con normalidad, que a un mal temperamento. El mismo Thiébault, que coincide con lo dicho por Johann III Bernoulli acerca de lo que debía ser algo bastante característico de su personalidad, da muestras de esa admiración:[100]

> Cuando lo encontraba en compañía, o en mis paseos, mi primera preocupación era proponerle algunas cuestiones que me interesaban; ya que una vez entrado en discusión, sobre cualquier tema que pudiera ser, ya no era posible ni pararlo ni interrumpirlo. Nunca fallaba en tener una idea sumamente clara y completa de su plan desde el primer momento, y adherirse a él tan de cerca, que desviar su atención era impracticable. El orden de sus ideas era siempre regular y perfecto; si se le proponían objeciones, paraba no más de lo que fuese necesario para oírlas hasta el final; sin embargo, nunca las respondía, sino que reanudaba el hilo de su argumento como si no hubiese sido interrumpido, porque las objeciones que había oído, entendía, debían ocurrir en un momento diferente y en un orden más adecuado, y no podría sino ser desventajoso para la discusión desviarse del método que había establecido al principio. Lo puse a prueba un centenar de veces a este respecto, y lo encontré siempre igual. Él era verdaderamente una máquina de producir disertaciones, pero una máquina perfecta.

Incluso acabó por ganarse la admiración del rey, quien le subiría el salario y lo pondría al frente de la comisión económica en 1770, a la que

[100][Thiébault II 1806, pp. 295, 296].

ya pertenecía. Al parecer la petición que Lagrange le hace a d'Alembert de que interceda por él surte su efecto, y en 1769 comenta que en su última carta al rey «también he dicho unas palabras sobre M. Lambert, de acuerdo con lo bien que me ha hablado usted de él»,[101] palabras que le dirige al rey ese mismo día:[102]

> Las *Memorias* de vuestra Academia de las Ciencias son una excelente Obra y demuestran que es una de las Sociedades de eruditos mejor compuestas de Europa. No hablo solamente de M. de la Grange, cuyo mérito es bien conocido por Vuestra Majestad; hablo, entre otros, de M. Lambert y Beguelin, que contribuyen con excelentes Memorias a esta Recopilación y que me parecen dignos de las bondades con las que Vuestra Majestad siempre ha honrado el mérito.

La respuesta de Federico II da signos de ese cambio de percepción:[103]

> Los tres sujetos sobre los que usted me habla, son sin lugar a dudas, los mejores que tenemos en este cuerpo.

Con un frenético ritmo de estudio, Lambert se dedicó por completo a sus investigaciones llegando a realizar más de 150 trabajos para su publicación en las más diversas áreas. De hecho, aunque se centró sobre todo en temas científicos, siguió escribiendo sobre filosofía, y fue el único miembro de la historia de la Academia que realizó memorias para sus cuatro secciones. Prueba de esta versatilidad —y nuevamente del cambio de opinión y estima del rey hacia Lambert— es que cuando d'Alembert le plantea una tema para ser tratado en la clase de filosofía especulativa, el rey piensa inmediatamente en él:[104]

---

[101] A fecha de 7 de agosto de 1769 [Lalanne 1882, p. 147].

[102] 7 de agosto de 1769 [Lalanne 1882, p. 147 nota 1].

[103] A fecha de 14 de septiembre de 1769 [Lalanne 1882, p. 147 nota 1].

[104] A fecha de 5 de octubre de 1777 [Holcroft Vol. 12 1789, p. 107]. El tema que le propone para discutir es el de «si es útil engañar a la gente», del que dice:

> No hemos osado nunca proponer esta gran pregunta a la Academia

> Me habla de proponer un tema a la academia. ¡Qué lástima! Recientemente hemos perdido al pobre Lambert, uno de nuestros mejores miembros. No sé quién podría tratar el tema filosóficamente.

El 1775 un catarro que había descuidado de forma imprudente se complicó durante el invierno. A pesar de los consejos de sus allegados se negó a tratarlo de forma seria con un médico hasta una etapa muy tardía, aplicando por contra sus propios remedios empeorando así la situación. Poco preocupado por su enfermedad, sus compañeros lo vieron por última vez en una sesión de la Academia más muerto que vivo. El genio polímata fallecía finalmente el 25 de septiembre de 1777 en Berlín a la temprana edad de 49 años, dejando tras de sí un amplio legado científico. Sirvan como conclusión, las tristes palabras que le dedica un abatido Lagrange en una carta a d'Alembert:[105]

> Estoy muy triste por la muerte de mi colega M. Lambert; es una pérdida irreparable para nuestra Academia y para Alemania en general; poseía eminentemente el extraño talento de aplicar el cálculo a los experimentos y a las observaciones, y de extraer, por así decir, todo lo que podía haber de regular. Su *Photométrie*, Obra poco conocida en Francia y aún en Alemania, es un verdadero modelo de este tipo de investigaciones; estaba también versado en el cálculo, y no ignoraba ninguna de las diferentes ramas del Análisis y de la Mecánica. Los tres Volúmenes de Memorias que ha pro-

---

Francesa, porque las disertaciones, enviadas para el premio, deben, para infortunio de la razón, someterse a censura por dos doctores de la Sorbona; y porque sería imposible, con gente como esta, escribir cualquier cosa racional. Pero su majestad no tiene ni prejuicios ni doctores de la Sorbona. (a fecha de 22 de septiembre de 1777 [Holcroft Vol. 12 1789, p. 104])

[105] A fecha de 3 de octubre de 1777 [Lalanne 1882, pp. 333 y 334].

ducido en alemán, hace algunos años, contienen excelentes cosas, y sería deseable que alguien quisiera traducirlas. Hay en todas sus investigaciones una gran nitidez, y poseía sobre todo el arte de lograr los resultados más simples, incluso en los temas que parecían más complicados. Se dejó morir poco a poco de tuberculosis, no habiendo querido jamás, excepto en los últimos 15 días, ni tomar ningún remedio ni tampoco consultar a ningún médico. Él había recibido de la naturaleza un carácter y un temperamento admirables; siempre satisfecho consigo mismo, no mostró jamás la mínima envidia ni celos. Tenía una forma de pensar y de actuar muy ingenua, lo que con frecuencia ponía contra él a las personas que no le conocían particularmente; pero, cuando se había logrado conocerlo a fondo, uno no podía evitar concebir para él toda la estima y amistad que merecía; esto es lo me ocurrió a mi. Si envidio su vida, envidio igualmente su muerte, que ha sido de las más dulces, y de la que ni siquiera sospechó.

Capítulo 2

Comentarios introductorios acerca del *Vorläufige Kenntnisse* (1766/1770)

Veynte y dos años ha que ando tras hallar el punto fixo, y aqui lo dexo, y alli lo tomo [...]: lo mismo me acaece con la quadratura del circulo, que he llegado tan al remate de hallarla, que no sé, ni puedo pensar, como no la tengo ya en la faldriquera.

- Miguel de Cervantes, *Novela y Coloquio.*

2.1. Introducción y contexto

En 1770 se publica el segundo de tres volúmenes de trabajos compilados bajo el título *Contribuciones para el uso de las matemáticas y sus aplicaciones*, entre los cuales se incluye *Conocimientos previos para quienes buscan la cuadratura y la rectificación del círculo.* De acuerdo a

Marteen Bullynck,[1] Lambert habría redactado dicho trabajo en octubre de 1766, por lo que este antecedería a su *Memoria sobre algunas propiedades notables de las cantidades trascendentes circulares y logarítmicas* [Lambert 1761/1768], escrita al año siguiente y en la cual se incluye la primera demostración rigurosa de la irracionalidad de π.

Ahora bien, pese a que el título del trabajo de 1766/1770 sugiere que este contiene una aportación para aquellas personas interesadas en «la cuadratura y la rectificación del círculo», en él en realidad se muestra la imposibilidad de obtener una representación decimal finita de π. En otras palabras, los «conocimientos previos» que se aportan en dicho trabajo no sólo no contribuyen a la consecución de semejante empresa, sino que, por el contrario, dan cuenta de su inviabilidad. El texto incide en esta ironía desde las primeras líneas, en las cuales Lambert no sólo pone en duda que su trabajo vaya a ser leído o entendido por las personas a las que entonces también se denominaba «cuadradoras del círculo», sino que además critica su proliferación.

Durante los siglos XVII y sobre todo XVIII hubo un auge de intentos por resolver el clásico problema de la conmensurabilidad de la ratio de la circunferencia con respecto al diámetro del círculo. Como señala Augustus De Morgan, tal fue la cantidad de trabajos sobre ese tema en la época, que a partir de mediados del siglo XVIII diversas instituciones determinaron no examinar más trabajo alguno al respecto, entre ellas la *Académie Royale des Sciences* francesa y la *Royal Society of London*.[2] De hecho, semejante auge se debió en buena medida a la propagación de la idea de que algunos Estados e instituciones, entre ellas las antes mencionadas, concedían premios por la resolución de dicho problema geométrico, tanto por su importancia en sí mismo como por su relevancia

[1] En la página web *Johann Heinrich Lambert (1728-1777). Collected Works - Sämtliche Werke Online* (`http://www.kuttaka.org/~JHL/L1770a.html` y `http://www.kuttaka.org/~JHL/L1768b.html`).

[2] Ver [De Morgan 1872/2015, p. 97].

para la resolución del problema de la determinación del «punto fijo» o de longitud en alta mar; un problema, este último, que por ende se consideraba supeditado al primero.

La relevancia de la determinación de la longitud marítima estribaba, ante todo, en sus consecuencias económicas y políticas. De ahí que, ante la expansión ultramarina y el consiguiente desarrollo del comercio marítimo, algunos Estados, instituciones, empresas y personas comenzaran a ofrecer premios por la resolución de dicho problema a partir de la segunda mitad del siglo XVI.[3] Esto propició el desarrollo de nuevos métodos, técnicas e instrumentos, y a la postre contribuyó a mejorar el cálculo de la longitud a partir de las distancias lunares (contando con mejores instrumentos de observación y tablas más precisas de la distancia entre la luna y otros cuerpos celestes) y la construcción de relojes marinos más exactos. Sin embargo, habría sido precisamente a raíz de algunos de los instrumentos gráficos habitualmente empleados entremedias, como por ejemplo el cuadrante de reducción (Figura 2.1),[4] que muchas personas asociaron la cuadratura del círculo al problema de la longitud.[5]

Es cierto que en aquella época también se ofrecieron algunos premios vinculados de una u otra manera al problema de la cuadratura del círculo. Por ejemplo, hubo personas que ofrecieron premios por la refutación de sus presuntas soluciones,[6] mientras que Jean-Baptiste Rouillé de Meslay asignó una suma de dinero para investigaciones sobre ese problema en su testamento, si bien la *Académie Royale des Sciences* francesa terminó asignándola a investigaciones relativas a la navegación.[7] No obstante, entre los numerosos textos que entonces se publicaron sobre el tema, los premios a los que ante todo se hacía referencia no eran estos, sino aque-

[3]Ver [Clark 1764, pp. 18–20, 33–37, 66–67] y [Betts 2018, pp. 5–6, 13–14].

[4]Para una explicación detallada del uso de este instrumento, ver `http://www.meridienne.org/index.php?page=reduction.utilisation`.

[5]Ver [Boistel 2016, pp. 66–67, 446].

[6]Ver [De Causans 1754] y [Hutton 1815, 273–274].

[7]Ver [Montucla 1799, p. 384] y [Boistel 2016, pp. 46–48].

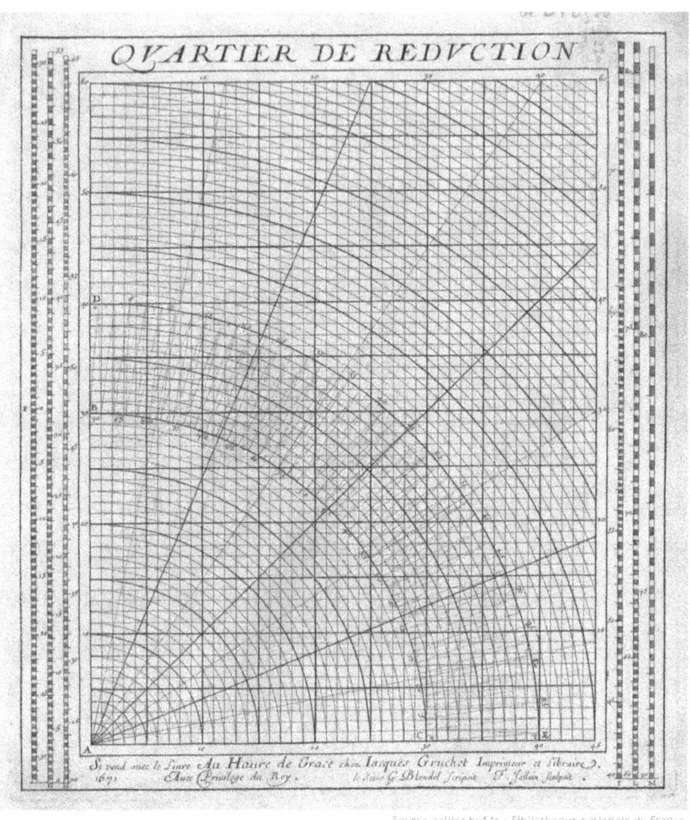

Figura 2.1: *Quartier de réduction* (1671), grabado de François Jollain (*Catalogue général Gallica.* La imagen original en la *Bibliothèque nationale de France*).

llos atribuidos a diferentes Estados, una idea que a su vez fue difundida por enciclopedias y diccionarios.[8]

Las obras mencionadas por Lambert en el §. 3. justamente forman parte del corpus de trabajos producidos por cuadradores del círculo durante el siglo XVIII. Aún más, se trata de obras que coinciden no sólo en su finalidad, sino también en la ratio propuesta, a saber, 3844 : 1225. Es-

[8]Ver [De Messanges 1686, pp. 14–15], [Chambers 1728, p. 221] y [Society of Gentlemen 1754, p. 593].

to implica que, como señala Lambert, tanto Joseph I. von Leistner (1737 y 1740) como Johann Christoph Merkel (1751) y, siguiendo a este último, Johann Christoph Bischof (1765), propugnaban por una aproximación de π mucho menos precisa que otras aproximaciones bien conocidas en la época, como, por ejemplo, la de Arquímedes, conforme a la cual:[9]

$$3\frac{10}{71} < \pi < 3\frac{1}{7}$$

o la de Ludolph van Ceulen para los 32 primeros decimales de la cota inferior y superior de π:[10]

$$\text{Cota inferior} \quad : \quad 3\frac{14159265358979323846264338327950}{100000000000000000000000000000000}$$

$$\text{Cota superior} \quad : \quad 3\frac{14159265358979323846264338327951}{100000000000000000000000000000000}$$

Como muestra Lambert, siendo a el diámetro del círculo y b el lado de un cuadrado «espacialmente igual» a aquél, y considerando por lo tanto $\pi \cdot r^2 = \frac{\pi \cdot a^2}{4} = b^2$, con $a = 1$, se tiene entonces $a^2 : 4b^2 = 1 : \pi$ y, por ende, $a : b = 2 : \sqrt{\pi}$, lo que permite obtener «fracciones más precisas conforme a su orden» (§. 4) que expresan el valor del lado de aquel cuadrado e, invertidas, expresan el valor del diámetro de un círculo con área $= 1$ (§. 5), como en el caso de $\frac{31}{35}$ o $\frac{148}{167}$ y $\frac{35}{31}$ o $\frac{167}{148}$. Esto le conduce a su vez a plantear el problema sobre la posibilidad de expresar la ratio del diámetro con respecto a la circunferencia, tras lo cual: primero, presenta una sucesión creciente de ratios racionales que aproximan cada vez con mayor precisión el valor de π y que van del $\frac{22}{7}$ al $\frac{1019514486099146}{324521540032945}$, obtenidas a partir de los primeros dígitos del número ludolphino y resultantes de una fracción continua (§. 10); y, segundo, afirma que cuenta con una:

> *fracción continua*, la cual continúa hasta el infinito conforme a una cierta ley y remueve por completo la esperanza de

[9]Ver [Heath 1897, p. 93].

[10]Ver [Van Ceulen 1615, p. 163].

determinar la ratio del diámetro con respecto a la circunferencia mediante números enteros (§. 10).

Precisamente, en el §. 12 y considerando los arcos del círculo, Lambert presenta la expansión de fracciones continuas:

$$\tan v = \cfrac{1}{1:v - \cfrac{1}{3:v - \cfrac{1}{5:v - \cfrac{1}{7:v - \cfrac{1}{9:v - \text{ etc.}}}}}}$$

a partir de la cual, dado un entero n y $v = \frac{1}{n}$, obtiene:

$$\tan v = \cfrac{1}{n - \cfrac{1}{3n - \cfrac{1}{5n - \cfrac{1}{7n - \cfrac{1}{9n - \cfrac{1}{11n - \text{ etc.}}}}}}}$$

Como indica Lambert, «esta fracción se prosigue por siempre» (§. 12). Así, en la medida en que si v es racional (con $v \neq 0$), entonces la expansión es irracional y viceversa, o, lo que es lo mismo, en la medida en que «la tangente de todo arco racional es irracional» y «el arco de toda tangente racional es irracional» (§. 15), el arco de 45°, y como consecuencia también el arco de 360° (es decir la circunferencia), no tendrían «una ratio racional con el radio del círculo» (§. 16).[11]

De esa manera, Lambert, más que demostrar, muestra la irracionalidad de π en [Lambert 1766/1770], algo que demostraría rigurosamente al

[11] Ver [Arndt et al. 2001, p. 192] y [Ferreirós 2015, pp. 219–220].

año siguiente en [Lambert 1761/1768]. Sin embargo, conviene no obviar el hecho de que *Conocimientos previos para quienes buscan la cuadratura y la rectificación del círculo* estaba dirigido a un público con menos conocimientos matemáticos de los que requería una persona interesada en aquel otro trabajo. Como se abordará más adelante (cf. 4.1), al menos algunas de las interpretaciones poco caritativas hacia la relevancia de la obra de Lambert sobre la irracionalidad de π están vinculadas al desconocimiento del trabajo más riguroso de los dos.

Capítulo 3

Una traducción anotada del *Vorläufige Kenntnisse* (1766/1770)

Hasta donde sé, todavía no se ha zanjado la cuestión de si la ratio del diámetro con respecto a la circunferencia puede ser expresada por medio de una fracción racional. Puesto que, por lo tanto, el asunto aún está por ser discutido, puede que todavía haya personas que pierdan el tiempo en la búsqueda de tales fracciones racionales.

- Lambert, *Vorläufige Kenntnisse.*

Conocimientos previos

para quienes buscan la cuadratura y la rectificación del círculo.[1]

---

§. 1.

Puedo dudar con cierta razón si el presente tratado será leído o incluso entendido por aquellas personas que deben sacar el mayor provecho de él, es decir, por quienes dedican tiempo y esfuerzo a la búsqueda de la cuadratura del círculo. Seguramente siempre habrá personas así, y si se debe juzgar a las que en el futuro se ocupen de esa cuestión a partir de quienes lo han hecho hasta ahora, serán sobre todo las que saben poco sobre geometría y son incapaces de apreciar sus fuerzas. Sin embargo, lo que a la mayoría de esas personas les falta de conocimiento y entendimiento, y ahí donde son incapaces de llegar por conclusiones correctas y coherentes, su deseo de fama y dinero lo reemplaza con *sofismas*, que frecuentemente no disimulan mucho ni son muy sutiles. También ha habido casos en que algunas de esas personas han creído firmemente que sus supuestas demostraciones no han sido reconocidas por mera envidia o resentimiento. Asimismo, existe entre ellas la leyenda de que en Inglaterra y Holanda se han ofrecido premios y recompensas por la cuadratura del círculo tan grandes como aquellos por la determinación de la longitud geográfica en el mar. No pretendo juzgar si las personas creían a comienzos del siglo pasado, o incluso antes, que la determinación de la longitud en el mar estaba tan estrechamente relacionada con la cuadratura del círculo, que aquella persona que encontrara esta última también encontraría la primera. Lo que es cierto es que en esa época las personas buscaban y creían en relaciones entre verdades que concordaban aún menos. Ahora bien, en caso de que sí se hubiera establecido un premio por la cuadratura del círculo a causa de la longitud marítima, considero

[1]Dado el tono irónico del texto, una traducción alternativa de la expresión «für die, so die Quadratur und Rectification des Circuls suchen» sería «para buscadores de la cuadratura y la rectificación del círculo».

que el Parlamento de Inglaterra haría un muy buen trabajo si anunciara en todos los periódicos que ningún premio ha de ser reclamado por la cuadratura del círculo, especialmente ahora que los premios por la longitud en el mar ya han sido concedidos. En todo caso, no deberían contar con ello, dado que hoy día sabemos muy bien cuán independiente es la longitud marítima de la cuadratura del círculo.

§. 2.

La solución de cosas que han sido buscadas en vano durante mucho tiempo es algo imposible en sí mismo, o bien está destinada a ser una feliz coincidencia futura. Sirva un ejemplo para ilustrar esto. No cabe duda de que los antiguos fenicios, y tras ellos los navegantes griegos y romanos, buscaban un medio que les mostrara el curso del barco con cielo nublado, así como las estrellas lo mostraban con cielo despejado. Pero, ¿cómo se les podría haber ocurrido que debían buscar tal medio en las piedras imán? Es indiscutible que este descubrimiento dependió de una confluencia absolutamente imprevisible de diversas circunstancias, cuyo arreglo habría requerido cierto conocimiento previo y que, por lo tanto, debieron darse por sí mismas. De manera similar, es de suponer que si alguna vez fuera posible la cuadratura del círculo, ella acaso se le ocurriría a un experto en medición[2] que en nada estaría pensando menos que en la determinación de la misma. Sin embargo, también es posible que, de manera igualmente accidental, se caiga en una errónea. Los números 1225 y 961 dan un buen ejemplo de esto. Ellos tienen una doble característica: por una parte, son los números cuadrados de 35 y 31; por otra parte, se comportan casi como el cuadrado del diámetro con respecto al contenido del círculo. Esto a su vez significa que el diámetro del círculo es al lado de un cuadrado espacialmente igual al círculo casi como el 35 es al 31. Así, si se cuadruplica 961, se tiene 3844, que

[2]El término empleado por Lambert es «Meßkünstler», esto es, «quien entiende y practica el arte de la medición» [Campe 1809, p. 275].

también es un número cuadrado, y el diámetro será a la circunferencia casi como 1225 es a 3844. Este **casi**, empero, no debe ser considerado con sumo rigor, pues si se divide 3844 entre 1225, se obtiene $3,138\ldots$ Es fácil ver que esta ratio difiere de $3,1415926\ldots$ desde el 3er dígito decimal y que, por ende, no es tan exacta como la ratio arquimediana $22:7$, que da la secuencia $3,1428571\ldots$, misma que sólo es más grande por $0{,}0012645\ldots$ y que, como consecuencia, es tres veces más precisa.

§. 3.

Pese a lo anterior, los números 1225 y 961, o 1225 y 3844, conservan un cierto valor, puesto que se trata de números cuadrados. Hasta donde yo sé, en este siglo tres personas han dado con ellos. Esta circunstancia me parece de lo más extraña puesto que, habiendo varios más de tales números cuadrados, se pensaría en cambio que cada uno de esos tres inventores habría optado por números diferentes. El primero fue el señor von **Leistner**, Capitán de Caballería del Imperio. Él encontró los números 1225 y 3844,[3] los cuales fueron declarados como incorrectos por una Comisión de la Corte del Imperio, contra lo cual, sin embargo, aquél protestó en *Nodus Gordius etc.*,[4] un texto que fue publicado en el *año* 1740. El otro fue el señor **Merkel**, predicador en Ravensburg, en Suabia,[5] cuyo texto no salió a la luz sino hasta el *año* 1751.[6] Él afirma,

[3]Lambert se refiere aquí a la solución propuesta por Joseph I. von Leistner en *Unwiderrufflicher, Wohlgegründter und Ohnendlicher Beweiß der Wahren Quadratur des Circuls, oder des Durchmessers zu seinem Umcreyß, wie 1225 zu 3844 oder 3844 zu 1225* (1737).

[4]El título completo del trabajo de Leistner es *Der durch Kunst und Wissenschaft eröfnete* Nodvs Gordivs. *Das ist: Kurtzer und unpartheyischer Bericht, von der ohnlängst herausgekommenen, nunmehro zwar vor wahr gehaltenen, jedoch in den letzten Zügen gelegenen, aber jetzo wieder aufs neue erstandenen* Quadratura Circuli.

[5]Nota de F. Rudio: «A él se refiere el famoso poema satírico de **Lessing**: 'El teólogo matemático que nunca se engañó a sí mismo ni a los demás, etc.'» [Rudio 1892, p. 137].

[6]El trabajo de Merkel se titula *Die Wirklichkeit der* Quadratur *des Cirkuls, in der*

sin embargo, que encontró sus números 1225 y 961 de manera accidental mucho antes que el señor von **Leistner**, pero sólo se sintió persuadido para ponerlos a prueba por el *Nodus Gordius*, si bien lo que lo incitó principalmente a darlos a la imprenta fue un artículo en el periódico de Utrecht, en el cual se anunciaba una cuadratura y se solicitaba el premio supuestamente fijado por ella. Esta noticia le llevó a imprimir mayor velocidad a la pluma en su mano, pues durante el invierno previo él había calculado sus números frente a un francés que de hecho viajó después a los Países Bajos, sin prestarle mayor atención al texto, por lo que tenía fuertes motivos para sospechar que dicho *geómetra* habría querido arar la tierra con su becerro,[7] etc. Lo que ocurrió después me es desconocido. Sin embargo, el texto de Merkel fue publicado nuevamente en el *año* 1765 por el profesor **Bischoff**, de Alten-Stettin, con anotaciones y varias pruebas más,[8] y los números 1225 y 961 fueron declarados correctos. Poco después, a principios de 1766, esos números volvieron a aparecer en los periódicos, con el solemne anuncio de que no era necesario seguir buscando la cuadratura del círculo, dado que ésta ya había sido encontrada por tercera vez, etc. No estaría mal que muchas de las personas que en el futuro trabajarán en este tema creyeran esto muy firmemente, ya que de esa manera se librarían de perder esfuerzo, tiempo y energía, que cabe considerar aplicadas en vano, en la medida en que la mayoría de ellas apenas son capaces de idear y resolver un simple problema geométrico. Pero hay pocas dudas de que los números **de Merkel** y **de Leistner** bien podrían volver a salir a la luz en el futuro. La prueba principal de su inexactitud es que 3844 dividido por 1225 debería dar

Proportion *des* Quadrati Diametri *zu dem Innhalt des Cirkuls, wie* 1225 *zu* 961.

[7]La expresión «mit eines Andern Kalbe pflügen», en este caso «mit seinem Kalbe gepflügt», era habitual en la época [Campe 1809, p. 638].

[8]El título de este trabajo es *Johann Christoph Merckels Evangelischen Predigers zu Ravensburg in Schwaben Beweis von der Würcklichkeit der Quadratur des Circkels in der* Proportion *des* Quadrati diametri *wie* 1225 *zu* 961. *Untersuchet und mit Anmerckungen versehen*, mismo que fue publicado por Johann Christoph Bischof, profesor ordinario de matemáticas y física en el Gimnasio Real de Alten-Stettin.

los números **ludolphinos**.[9] El profesor **Bischoff** también considera los números **ludolphinos**, e incluso los números de **Sherwin**, que son más del doble,[10] si bien no los considera como piedras de toque, pues dice que a pesar de que se aproximan mucho, ellos no dan el contenido del círculo con total exactitud, de ahí que se deban de tomar en consideración otras pruebas. El señor **Bischoff** lleva a cabo 8 de tales pruebas y de esa manera hace que el asunto parezca plausible. Es indiscutible que si se dividiera el 3844 por 1225 y se dieran exactamente los números **ludolphinos**, los cuales llegan hasta 32 dígitos decimales, por una parte se podría estar muy satisfecho con esto, si bien por otra parte se tendría que ver si esta división también arrojaría los números **de Sherwin**, que llegan hasta 72 dígitos decimales, y tras ello los números **de Machin**, que llegan hasta 100 dígitos decimales,[11] o, finalmente, los números **de de Lagny**, que llegan hasta los 127 dígitos decimales.[12] Sólo entonces se podría estar del todo satisfecho con la proporción 3844 : 1225. Mas en cuanto se realiza la división antes mencionada, el cociente $3,138....$ ya comienza a desviarse desde el segundo dígito decimal de los números **ludolphinos**. Y, aún más, las 8 pruebas son tales que dos números cuadrados cualesquiera pueden sustentar lo mismo. No obstante, no me explayaré en mostrar esto aquí, sino que, más bien, indicaré cómo, de acuerdo a una regla general, se pueden encontrar dichos números cua-

[9]Los números ludolphinos deben su nombre a Ludolph van Ceulen (1540-1610), quien calculó los primeros 32 dígitos decimales de π e incluso habría calculado los primeros 35 [Van Ceulen 1615, p. 163], [Arndt et al. 2001, p. 183].

[10]Lambert se refiere aquí a los 72 dígitos decimales de π calculados en las *Mathematical Tables* editadas por Henry Sherwin [Sherwin 1706, p. 57].

[11]William Jones dio cuenta de dicho cálculo de π por parte de John Machin (1686-1751) en [Jones 1706, p. 243]. El procedimiento empleado por Machin para encontrar la cuadratura del círculo puede ser consultado en [Maseres 1758, pp. 289–293].

[12]Thomas Fantet de Lagny (1660-1734) calculó el valor de π al que se refiere Lambert en su *Mémoire sur la Quadrature du Cercle, & sur la mesure de tout Arc, tout Secteur, & tout Segment donné* (1719/1721). Aquí, como en [Rudio 1892, p. 138], se ha optado por corregir el error que aparece en el original, donde dice «Lamysche», esto es, «de Lamy» [Lambert 1766/1770, p. 138].

drados que indican la ratio del cuadrado del diámetro al contenido del círculo con mayor precisión cuanto más grandes son. Esto además puede servir, entre otras cosas, para que en el futuro no se necesite recurrir a esos números cuadrados de manera accidental ni se les considere como cuadraturas del círculo sumamente correctas.

§. 4.

Considérense dos números cuadrados aa, bb, de tal manera que si a es el diámetro del círculo, y por lo tanto aa es su cuadrado, entonces bb representa el contenido de un cuadrado espacialmente igual al círculo y, por ende, b representa el lado de aquél. De esta manera, aa se comportará con respecto a $4bb$ como el diámetro con respecto a la circunferencia, o como 1 respecto a $3,141592,653589,793238,462643,383279,502884,197169,399375,105820,974944,592307,816406,286208,998628,034825,342117,067982,148086,513272,306647,093844,6+\cdots = 1:\pi$.[13] Como consecuencia, $aa:4bb$ es $=1:\pi$ y de ello se sigue que

$$a : b = 2 : \sqrt{\pi}.$$

[13]Nota de F. Rudio: «Los 127 dígitos decimales reportados aquí por Lambert fueron calculados por primera vez por Lagny. Vega se dio cuenta de que el dígito decimal 113 debe ser 8 en vez de 7. Cf. pág. 45» [Rudio 1892, p. 139]. En efecto, en [De Lagny 1719/1721] hay un error en dicho dígito decimal, mismo que, empero, podría ser atribuible a la transcripción [Arndt et al. 2001, p. 193].

Pero $\sqrt{\pi}$ es $= 1,77245385075....$, y de ello se obtiene que

$$a : b = \frac{2,00000000000}{1,77245385075} = 1 + \cfrac{1}{7 + \cfrac{1}{1 + \cfrac{1}{3 + \cfrac{1}{1 + \cfrac{1}{2 + \cfrac{1}{1 + \cfrac{1}{26 + \text{etc.}}}}}}}}$$

Esto da sucesivamente

$$\begin{array}{rclcrcl} b : a & = & 7 : 8 + \cdots & \text{y} & bb : aa & = & 49 : 64 + \cdots \\ & = & 8 : 9 - \cdots & & & = & 64 : 81 - \cdots \\ & = & 31 : 35 + \cdots & & & = & 961 : 1225 + \cdots \\ & = & 39 : 44 - \cdots & & & = & 1521 : 1936 - \cdots \\ & = & 109 : 123 + \cdots & & & = & 11881 : 15129 + \cdots \\ & = & 148 : 167 - \cdots & & & = & 21904 : 27889 - \cdots \\ & = & 3845 : 4342 + \cdots \text{ etc.} & & & = & 14807104 : 18852964 + \end{array}$$

Estas fracciones son entonces más precisas conforme a su orden. Se puede ver a partir de esto, además, que los señores von **Leistner**, **Merkel**, **Bischoff** etc. sólo por casualidad arribaron a sus números 961 y 1225. Después de todo, el cálculo con 49 : 64 o 64 : 81 hubiera sido más fácil y breve, mientras que con 1521 : 1936 u 11881 : 15129 etc. hubiera sido más prolijo pero al mismo tiempo más exacto.

§. 5.

Pero es más aconsejable emplear sólo la primera de esas ratios, a saber, $b : a$, puesto que para el caso de $bb : aa$ se tienen otras fracciones que son mucho menores y más exactas, sin tratarse de cuadrados, de modo que, al proceder de tal manera, se obtiene

$$\begin{aligned} bb : aa = \pi : 4 &= 11 : 14 \\ &= 172 : 219 \\ &= 355 : 452 \text{ etc.} \end{aligned}$$

Sin embargo, las fracciones $\frac{7}{8}, \frac{8}{9}, \frac{31}{35}, \frac{39}{44}, \frac{109}{123}, \frac{148}{167}, \frac{3848}{4342}$ etc. expresan el lado de un cuadrado que es tan grande como el área de un círculo cuyo diámetro se asume que es $= 1$. Y, por el contrario, colocadas al revés, esas mismas fracciones u $\frac{8}{7}, \frac{9}{8}, \frac{35}{31}, \frac{44}{39}, \frac{123}{109}, \frac{167}{148}, \frac{4342}{3848}$ etc. representan el diámetro de un círculo cuyo contenido es $= 1$. En este sentido, ellas pueden ser usadas al medir los cilindros o al fabricar los jalones cilíndricos.[14] En particular, la fracción $\frac{167}{148}$ es útil para este propósito, dado que es la más precisa de las pequeñas y sólo a partir del séptimo dígito decimal comienza a desviarse de los correctos. Pues, si se calcula conforme a los números **ludolphinos**, se obtiene que el diámetro del círculo cuyo contenido es $= 1$, es $= 1,1283790\ldots$
Sin embargo $\frac{167}{148}$ es $= \underline{1,1283784...}$, por lo que la diferencia es $= 0,0000006\ldots$
Rara vez sucede que en casos prácticos se requiera conocer este diámetro con mayor precisión.

§. 6.

Puesto que también es posible, si se compara el diámetro de una esfera con el lado de un cubo espacialmente igual, recurrir a números cúbicos, se podría soñar con la cuadratura del círculo o la cubatura de la esfera a partir de ellos. Y así, no será inútil prevenir tales incidentes futuros y determinar esos números cúbicos con antelación mediante el mismo método, sobre todo porque ellos pueden ser utilizados de manera ventajosa

[14] Lambert emplea la expresión «cylindrisch[e] Visirstäbe» [Lambert 1766/1770, p. 149] para referirse a los «zylindrische Fluchtstäbe», varas cilíndricas de medición de aproximadamente 1 pulgada de grosor que en la época eran de madera [Fischer 1795, p. 9]. El término «Visirstäbe» también se puede encontrar en [Kästner 1758, p. 113].

al calcular el contenido espacial de las esferas y al fabricar las barras de calibración. Conforme a esto, el diámetro de la esfera es $= a$, el lado del cubo espacialmente igual sea $= b$, y los números **ludolphinos** $3,1415926\ldots$ son $= \pi$, por lo que, conforme a la bien conocida regla **arquimediana**,

$$b^3 : a^3 = \pi : 6$$

y, por lo tanto,

$$b : a = \sqrt[3]{\frac{\pi}{6}}.$$

Así, se tiene

$$\begin{aligned} \pi &= 3,141592,653589,793238,462... \\ \frac{1}{6}\pi &= 0,523598,775598,298873,077... \end{aligned}$$

Y de ahí se tiene la raíz cúbica

$$b : a = 0,805995,977008,234820...,$$

la cual, descompuesta en una fracción continua, da

$$b : a = \cfrac{1}{1 + \cfrac{1}{4 + \cfrac{1}{6 + \cfrac{1}{2 + \cfrac{1}{8 + \cfrac{1}{6 + \cfrac{1}{6 + \text{etc.}}}}}}}}$$

De lo que se obtiene

$$\begin{aligned} b:a &= 4:5+ \\ &= 25:31- \\ &= 54:67+ \\ &= 457:567- \\ &= 2796:3469+ \\ &= 17233:21381- \text{ etc.} \end{aligned}$$

Conforme a esto, si el diámetro de una esfera es $= 1$, el lado de un cubo espacialmente igual se expresa mediante cada una de las fracciones $\frac{4}{5}, \frac{25}{31}, \frac{54}{67}, \frac{457}{567}, \frac{2796}{3469}, \frac{17233}{21381}$ etc. con mayor precisión cuanto más grandes son. Si estas fracciones son elevadas al cubo, ellas dan el contenido de la esfera. Pero si se fija el contenido físico de la esfera $=1$, entonces estas mismas fracciones invertidas, $\frac{5}{4}, \frac{25}{31}, \frac{67}{54}, \frac{567}{457}, \frac{3469}{2796}, \frac{21381}{17233}$ etc.,[15] representan el diámetro de la esfera. En general, se puede estar satisfecho con la fracción $\frac{567}{457}$, dado que, si se recalcula, ella da el diámetro de la esfera con la misma precisión que mediante las tablas logarítmicas.

§. 7.

En este cálculo he proporcionado la raíz cúbica de $\frac{1}{6}\pi$ hasta el 18° dígito decimal. Puesto que sería una tarea tediosa y extremadamente larga buscarla, como hasta ahora, conforme a las reglas habituales, no resultará irrelevante si añado cómo encontré esta raíz mediante una cierta regla *de tres* y, a la vez, cómo me aseguré de que es correcta hasta el 18° dígito decimal.

§. 8.

[15] Aquí hay una errata en la segunda fracción [Lambert 1766/1770, p. 151], misma que debería ser $\frac{31}{25}$ [Rudio 1892, p. 142].

Conforme a la fórmula **newtoniana** del binomio se tiene que, en general,

$$x = (a+b)^n = a^n + na^{n-1}b + n \cdot \frac{n-1}{2} \cdot a^{n-2}b^2 + \text{ etc.}$$

Multiplíquese ahora esta serie por $1 + zb : a$, y en el producto

$$\begin{aligned} x\left(1+\frac{zb}{a}\right) = a^n & + \quad na^{n-1}b + n\cdot\frac{n-1}{2}a^{n-2}b^2 \\ & + \quad n\cdot\frac{n-1}{2}\cdot\frac{n-2}{3}a^{n-3}b^3 + \text{etc.} \\ & + \quad za^{n-1}b + n\cdot z\cdot a^{n-2}b^2 + n\cdot\frac{n-1}{2}\cdot za^{n-3}b^3 + \text{etc.}, \end{aligned}$$

en aras de determinar z, establézcase el tercer término

$$n\cdot\frac{n-1}{2}\cdot a^{n-2}b^2 + n\cdot z\cdot a^{n-2}b^2 = 0$$

de modo que

$$z = -\frac{n-1}{2}$$

Si ahora se pone este valor de z en el producto, se obtiene[16]

$$x\left(1-\frac{n-1}{2}\cdot\frac{b}{a}\right) = a^n + \frac{n+1}{2}a^{n-1}b + * - n\frac{n-1}{2}\cdot\frac{n+1}{6}a^{n-3}b^3 - \text{ etc.}$$

y, de esto,

$$x = (a+b)^n = \frac{2a+(n+1)b}{2a-(n-1)b}a^n + * - \frac{n\cdot(n-1)\cdot(n+1)a^{n-2}b^3}{6\,(2a-(n-1)\cdot b)} - \text{ etc.}$$

De esta serie, el primer término se emplea para determinar la raíz, mientras que el segundo sirve para averiguar hasta dónde se puede llegar con el primero.

§. 9.[17]

---

[16]Rudio en [Rudio 1892, p. 143] cambia, en esta fórmula y en la siguiente, «$+*-$» por «$-$».

[17]Nota de F. Rudio: «En el original, los parágrafos de aquí en adelante contienen un número que es menor por 1» [Rudio 1892, p. 143].

Ahora, para la raíz cúbica es $n = \frac{1}{3}$. Si se pone este valor, tras las reducciones pertinentes, se obtiene la fórmula[18]

$$x = \sqrt[3]{a+b} = \frac{3a+2b}{3a+b} \cdot \sqrt[3]{a} + * + \frac{2b^3 \cdot \sqrt[3]{a}}{81a^3 + 27aa + b} + \text{ etc.}$$

Yo he aplicado esto para extraer la raíz cúbica de

$$a + b = \frac{1}{6}\pi = 0,523598,775598,298873,077...$$

de la siguiente manera. En primer lugar, mediante los logaritmos descubrí los seis primeros dígitos decimales de esta raíz. Estos son

$$0,805995 = \sqrt[3]{a}$$

Y, puesto que

$$805995 \text{ es } = 806000 - 5$$

el cubo debe ser entonces fácil de encontrar. Así, yo lo establecí como

$$0,523596871520449875 = a$$

y de ahí obtuve

$$b = 0,000001904077848998077107...$$

Ahora bien, si sólo se retiene el primer término de la serie

$$x = \sqrt[3]{a+b} = \frac{3a+2b}{3a+b} \cdot \sqrt[3]{a}$$

este da por la regla *de tres*

$$(3a+b) : (3a+2b) = \sqrt[3]{a} : x$$

o

$$\left(a + \frac{1}{3}b\right) : \left(a + \frac{2}{3}b\right) = \sqrt[3]{a} : x,$$

[18]Rudio en [Rudio 1892, p. 144] cambia en la siguiente fórmula «$+ * +$» por «$+$».

Me bastó con poner los valores de a y b para obtener el valor

$$x = \sqrt[3]{a+b} = \sqrt[3]{\frac{\pi}{6}} = 0,805995977008234820...$$

Que este valor es correcto hasta el 18º dígito decimal lo descubrí por medio del segundo término de la serie

$$\frac{2b^3 \cdot \sqrt[3]{a}}{81a^3 + 27a^2b}$$

gracias a una simple estimación. Dado que b es 275000 veces menor que a, pude entonces poner este término como

$$\frac{2b^3}{81a^3} \cdot \sqrt[3]{a}$$

Así[19]

$$\begin{aligned} 3\log.b:a &= 0,6820508-17 \\ \log.\frac{2}{81} &= \underline{1,6074550} \end{aligned}$$

y entonces

$$\log.\frac{2b^3}{81a^3} = 0,9145458-19.$$

[19]Rudio introduce las siguientes correcciones:

Así

$$\begin{aligned} 3\log\frac{b}{a} &= 0,6820631-17 \\ \log\frac{2}{81} &= \underline{0,3925450-2} \end{aligned}$$

y entonces

$$\log\frac{2b^3}{81a^3} = 0,0746081-18.$$

Aún más,

$$\frac{1}{3}\log a = \underline{0,9063323-1},$$

por ende

$$\frac{2b^3}{81a^3}\sqrt[3]{a} = 0,9809404-19.$$

[Rudio 1892, p. 145].

Ahora bien, puesto que la *característica* es $= -19$, y a es < 1,[20] está claro entonces que

$$\frac{2b^3}{81a^3} \cdot \sqrt[3]{a}$$

representa una fracción decimal que sólo comienza en el 19° dígito decimal. Y, por ende, la sucesión decimal encontrada por medio de

$$\frac{3a+2b}{3a+b} \cdot \sqrt[3]{a}$$

es precisa hasta el decimoctavo dígito.[21]

§. 10.

Hasta donde sé, todavía no se ha zanjado la cuestión de si la ratio del diámetro con respecto a la circunferencia puede ser expresada por medio de una fracción racional. **Sturm**,[22] de hecho, trató de responder a esta pregunta en forma negativa, pero su demostración es inadecuada, ya

[20]Rudio omite la expresión «und $a < 1$ ist» en [Rudio 1892, p. 145], presente en el original [Lambert 1766/1770, p. 155].

[21]Nota de F. Rudio: «El cálculo numérico del $\frac{2b^3}{81a^3}$ contiene algunos errores en el original (y de hecho no sólo en el texto, sino también en la supuesta corrección reportada en el prefacio), [mismos] que, junto con una modificación menor del texto, he mejorado aquí. Las conclusiones no se ven afectadas por esto» [Rudio 1892, p. 145].

[22]Nota de F. Rudio: «Esto es, Johann Christoph Sturm (nacido en 1635, pastor de Deiningen, posteriormente profesor de matemáticas y física en la Universidad de Altdorf, donde falleció en 1703). Él se dio a conocer por medio de excelentes libros de matemáticas y astronomía que aún hoy en día son bastante admirables. El estudio mencionado por Lambert se encuentra en el sumamente interesante compendio 'Joh. Chr. Sturmii Mathesis enucleata' (Núremberg, 1689), donde, en la p. 181, en la proposición XLIII (probablemente por vez primera en esta forma precisa), se enuncia la [siguiente] proposición: 'Area circuli est quadrato diametri incommensurabilis'. Sturm fue a su vez el primero en traducir los escritos de Arquímedes al alemán, lo cual también nos interesa aquí. En el año 1667 él publicó 'Des unvergleichlichen Archimedis Sandrechnung' y en el año 1670 'Des unvergleichlichen Archimedis Kunstbücher'. Ambas traducciones fueron publicadas en Núrenberg. En la segunda se encuentra la medida del círculo de Arquímedes. Véase la obra de J. G. Doppelmayr (pp. 114-122)

que hay series infinitas cuya suma es racional a pesar de que todos los términos sean irracionales. Puesto que, por lo tanto, el asunto aún está por ser discutido, puede que todavía haya personas que pierdan el tiempo en la búsqueda de tales fracciones racionales o que las traigan a colación como consecuencia de conclusiones erróneas. Es cierto que, para cada una de ellas, la prueba se efectúa rápidamente por medio de los números **ludolphinos**. Pero, incluso si se rechaza la fracción dada, siempre puede persistir el deseo de buscar otras. Mas este deseo puede hacerse tan pequeño que será fácil abandonar la búsqueda de tales fracciones. Pues incluso si la ratio del diámetro con respecto a la circunferencia pudiera ser expresada con exactitud por medio de una fracción racional, se puede probar a partir de los números **de de Lagny**[23] (§. 4.) antes mencionados, o también de los **ludolphinos**, que ella ha de ser una fracción muy grande. Estos números pueden ser transformados en fracciones, las cuales se vuelven más grandes y al mismo tiempo más precisas según su orden. He indicado el método y la consiguiente cautela que se debe tener al hacerlo, y lo he explicado mediante ejemplos, en el §. 17. del tratado[24] sobre *Transformación de las fracciones*. Siguiendo este método, encontré las siguientes fracciones o ratios racionales para la ratio del diámetro con

citada en la página 28» [Rudio 1892, pp. 145–146]. Rudio se refiere aquí a *Historische Nachricht Von den Nürnbergischen Mathematicis und Künstlern* (1730), de Johann Gabriel Doppelmayr.

[23]Como se explicó en la nota 11, aquí se ha optado por corregir el error que aparece en el original [Lambert 1766/1770, p. 156], [Rudio 1892, p. 146].

[24]Nota de F. Rudio: «El tratado al cual Lambert se refiere aquí y en los parágrafos subsecuentes se encuentra en el mismo volumen II (pp. 54–132) de sus 'Beyträge', en el cual también se encuentra el tratado 'Vorläufige Kenntnisse etc.'. Dicho tratado versa sobre la transformación de las fracciones en fracciones continuas» [Rudio 1892, p. 146].

respecto a la circunferencia:

$$
\begin{array}{rcl}
1 & : & 3 \\
7 & : & 22 \\
106 & : & 333 \\
113 & : & 355 \\
33102 & : & 103993 \\
33215 & : & 104348 \\
66317 & : & 208341 \\
99532 & : & 312689 \\
265381 & : & 833719 \\
364913 & : & 1146408 \\
1360120 & : & 4272943 \\
1725033 & : & 5419351 \\
25510582 & : & 80143857 \\
52746197 & : & 165707065 \\
78256779 & : & 245850922 \\
131002976 & : & 411557987 \\
340262731 & : & 1068966896 \\
811528438 & : & 2549491779 \\
1963319607 & : & 6167950454 \\
4738167652 & : & 14885392687 \\
6701487259 & : & 21053343141 \\
567663097408 & : & 1783366216531 \\
1142027682075 & : & 3587785776203 \\
1709690779483 & : & 5371151992734 \\
2851718461558 & : & 8958937768937 \\
107223273857129 & : & 336851849443403 \\
324521540032945 & : & 1019514486099146 \text{ etc.}
\end{array}
$$

De estas ratios, cada una de las subsecuentes es más exacta que la previa y entre ellas no hay ninguna ratio racional que sea más exacta que la siguiente mayor entre las indicadas aquí. Por lo tanto, incluso si la ratio del diámetro con respecto a la circunferencia debiera poder ser expresada con exactitud mediante números enteros, estos números deberían ser necesariamente mayores que los últimos indicados aquí,

$$324521540032945 : 1019514486099146$$

Estos dos números dan los números **ludolphinos** hasta el 25° dígito decimal. Sin embargo, aún si ellos fueran del todo precisos, es fácil ver que sería pues prolijo y difícil calcular con ellos. Por lo demás, todas esas ratios resultan de la *fracción continua*

$$\cfrac{1}{3+\cfrac{1}{7+\cfrac{1}{15+\cfrac{1}{1+\cfrac{1}{292+\cfrac{1}{1+\cfrac{1}{1+\cfrac{1}{1+\cfrac{1}{2+\cfrac{1}{1+\cfrac{1}{3+\cfrac{1}{1+\cfrac{1}{14+\cfrac{1}{2+a}}}}}}}}}}}}}}$$

donde a es

$$= \cfrac{1}{1+\cfrac{1}{1+\cfrac{1}{2+\cfrac{1}{2+\cfrac{1}{2+\cfrac{1}{2+\cfrac{1}{1+\cfrac{1}{84+\cfrac{1}{2+\cfrac{1}{1+\cfrac{1}{1+\cfrac{1}{37+\cfrac{1}{3+\text{ etc.}}}}}}}}}}}}}$$

Yo no he proseguido el cálculo de esta *fracción continua* más allá de los números **ludolphinos**. Así que tampoco diré si, en caso de ser calculada más allá, cesará del todo. De ser así, entonces la ratio del diámetro con respecto a la circunferencia podría ser expresada por medio de números enteros, si bien tremendamente grandes. Sin embargo, en el tratado sobre *Transformación de las fracciones* antes mencionado (§. 23.) he dado otra *fracción continua*, la cual continúa hasta el infinito conforme a una cierta ley y remueve por completo la esperanza de determinar la ratio del diámetro con respecto a la circunferencia mediante números enteros.

§. 11.

Hay otras cantidades en matemáticas de las cuales también valdría la pena averiguar si ellas pueden ser expresadas mediante fracciones racionales o de alguna otra manera más manejable, como sucede hoy día con los números decimales. En particular, se puede considerar el número $2,718281,828459,045235,36028...$, cuyo logaritmo hiperbólico[25] es $= 1$. Este número es con respecto a los logaritmos justo lo que los números **ludolphinos** son con respecto al círculo y, por ende, con respecto a los cálculos trigonométricos y otros tiene **igual relevancia**. Si, por lo tanto, uno se pregunta por qué sólo los números **ludolphinos** atraen tanta atención, entonces esta pregunta se responde en parte desde la historia de las matemáticas, y en parte por el hecho de que los conceptos de **círculo**, **cuadrado**, **cantidad**, son conocidos por todos **por igual**, lo cual no puede decirse sobre el concepto de **logaritmos hiperbólicos**, puesto que éste sólo fue conocido por medio del cálculo infinitesimal y sin el aprendizaje de este cálculo no puede ser aclarado. Si no se hubieran encontrado este impedimento la mayoría de quienes buscaban el cuadrado del círculo, todo indica que habrían emergido tantos esfuerzos vanos e intentos fallidos con respecto al número $2,718281,828459,045235,36028...$ como los que hubo respecto a los números **ludolphinos**. Sin embargo, este número tampoco puede ser expresado con exactitud por medio de una fracción racional. Pues, si en aras de la brevedad se pone dicho

[25]Logaritmos «naturales», también llamados «hiperbólicos» en la época «debido a su correspondencia con la cuadratura de la hipérbola» [Clemm 1768, p. 432]. Euler mismo da cuenta tanto de esto en [Euler 1748, p. 90]. Como señala Antonio Durán, Euler alude así «a la cuadratura de la hipérbola mediante logaritmos que llevó a cabo [Grégoire de Saint-Vincent] en su *Opus geometricum* publicado en 1647» [Durán et al. 2000, p. 111 nota 69].

número = e, se tiene

$$e = 1 + \cfrac{2}{1 + \cfrac{1}{6 + \cfrac{1}{10 + \cfrac{1}{14 + \cfrac{1}{18 + \cfrac{1}{22 + \cfrac{1}{26 + \text{ etc.}}}}}}}}$$

o bien

$$\frac{e-1}{e+1} = \cfrac{1}{2 + \cfrac{1}{6 + \cfrac{1}{10 + \cfrac{1}{14 + \cfrac{1}{18 \text{ etc.}}}}}}$$

o

$$\frac{ee-1}{ee+1} = \cfrac{1}{1 + \cfrac{1}{3 + \cfrac{1}{5 + \cfrac{1}{7 + \cfrac{1}{9 + \cfrac{1}{11 + \text{ etc.}}}}}}}$$

y, en general,

$$\frac{e^x-1}{e^x+1} = \cfrac{1}{2:x + \cfrac{1}{6:x + \cfrac{1}{10:x + \cfrac{1}{14:x + \text{ etc.}}}}}$$

Dado que estas fracciones prosiguen por siempre, entonces ni e ni e^x pueden ser expresados con exactitud por medio de una fracción racional, cuando x sea un número racional o una fracción. Por cierto, yo encontré esas fórmulas a través del método que di en el tratado sobre *Transformación de las fracciones* antes mencionado (§. 19. ss.). Sin embargo, la motivación para buscarlas me la dio el *Analysis infinitorum* del señor **Euler**, donde la expresión

$$\frac{e-1}{2} = \cfrac{1}{1+\cfrac{1}{6+\cfrac{1}{10+\cfrac{1}{14+\cfrac{1}{18+\text{ etc.}}}}}}$$

aparece en forma de ejemplo, calculada en términos numéricos.

§. 12.

Por ese mismo motivo fui más allá y, con relación a los arcos del círculo, encontré la expresión

$$\tan.v = \cfrac{1}{1:v-\cfrac{1}{3:v-\cfrac{1}{5:v-\cfrac{1}{7:v-\cfrac{1}{9:v-\text{ etc.}}}}}}$$

Varias consecuencias se pueden extraer de estas fracciones continuas con miras a dilucidar la cuadratura indeterminada del círculo. Si se toma un número entero n y se pone $v = 1 : n$, entonces se tiene

$$\tan .v = \cfrac{1}{n - \cfrac{1}{3n - \cfrac{1}{5n - \cfrac{1}{7n - \cfrac{1}{9n - \cfrac{1}{11n - \text{ etc.}}}}}}}$$

Puesto que esta fracción prosigue por siempre, se sigue entonces que, tantas veces como un arco circular sea una *parte alícuota* del radio, la tangente del mismo será necesariamente irracional. Porque, si la tangente fuera racional, entonces esta fracción no podría ser continua, sino que tendría que cesar eventualmente. Para explicar esto con mayor detalle, establezcamos, por ejemplo, $v = 1$. Dado que n también se torna $= 1$, se tiene entonces

$$\tan .\text{arc. } 1 = \cfrac{1}{1 - \cfrac{1}{3 - \cfrac{1}{5 - \cfrac{1}{7 - \cfrac{1}{9 - \text{ etc.}}}}}}$$

por lo que, de acuerdo al tratado[26] antes mencionado (§. 10.)[27]

[26]Nota de F. Rudio: «La siguiente tabla pequeña está construida conforme a la famosa regla de acuerdo a la cual se forman los numeradores (los números de la segunda sucesión vertical) y los denominadores (los números de la tercera sucesión vertical) de las fracciones de aproximación de una fracción continua» [Rudio 1892, p. 151].

[27]Debido al error en la numeración de los parágrafos (cf. nota 17), el original se refiere aquí al § 9 [Lambert 1766/1770, p. 163]. Esto ha sido corregido en [Rudio 1892, p. 151]. Decir también que en la tabla hay una errata [Lambert 1766/1770, p. 163], puesto que en lugar de $+5879$ debería ser -5879 [Rudio 1892, p. 151].

	+1	+0
+1	+0	+1
-3	+1	+1
+5	-3	-2
-7	-14	-9
+9	+95	+61
-11	+841	+540
+13 etc.	-9156 etc.	+5879 etc.

Y así, la tangente del arco igual al radio se expresa por medio de las fracciones ordenadas

$$\frac{3}{2}, \frac{14}{9}, \frac{95}{61}, \frac{841}{540}, \frac{9156}{5879} \quad \text{etc.}$$

y, de hecho, se expresa con mayor exactitud por medio de cada una de las fracciones subsecuentes, de tal manera que cada fracción más pequeña es menos exacta. Dado que esta sucesión de fracciones no se interrumpe nunca, sino que prosigue de tal manera que, no teniendo divisores comunes, el denominador y el numerador se tornan más grandes que cualquier número dado, entonces la tangente del arco igual al radio no puede ser expresada por ninguna fracción finita o racional. Esto también es cierto para las tangentes de todos los arcos que son $\frac{1}{n}$ parte del radio.

§. 13.

Si las primeras fracciones encontradas se restan entre sí, se encuentra cuán rápidamente ellas se aproximan al valor real. Así, se tiene

$$\begin{aligned}
\frac{14}{9} &= \frac{3}{2} + \frac{1}{2 \cdot 9} \\
\frac{95}{61} &= \frac{3}{2} + \frac{1}{2 \cdot 9} + \frac{1}{9 \cdot 61} \\
\frac{841}{540} &= \frac{3}{2} + \frac{1}{2 \cdot 9} + \frac{1}{9 \cdot 61} + \frac{1}{61 \cdot 540} \\
\frac{9156}{5879} &= \frac{3}{2} + \frac{1}{2 \cdot 9} + \frac{1}{9 \cdot 61} + \frac{1}{61 \cdot 540} + \frac{1}{540 \cdot 5879}
\end{aligned}$$

Si se prosigue de esta manera, la tangente del arco igual al radio se expresa mediante una serie infinita

$$\frac{3}{2} + \frac{1}{2 \cdot 9} + \frac{1}{9 \cdot 61} + \frac{1}{61 \cdot 540} + \frac{1}{540 \cdot 5879} + \frac{1}{5879 \cdot 76887} + \text{ etc.}$$

la cual converge más fuertemente que cualquier serie geométrica, y cuya suma sabemos que es irracional.

§. 14.

Que no sólo las tangentes de los arcos $\frac{1}{n}$, sino, en general, de todos los arcos $\frac{m}{n}$, los cuales tienen una ratio racional con el radio, son irracionales, queda claro de esta manera. Si, p. ej., $v = \frac{2}{3}$, entonces la tangente de este arco es

$$= \cfrac{1}{3:2 - \cfrac{1}{9:2 - \cfrac{1}{15:2 - \cfrac{1}{21:2 - \text{ etc.}}}}}$$

conforme a lo cual

	1	0		
+3 : 2	0	1	=	0 : 1
-9 : 2	+1	+3 : 2	=	2 : 3
+15 : 2	-9 : 2	-23 : 4	=	18 : 23
-21 : 2	-131 : 4	-333 : 8	=	262 : 333
+27 : 2	+2715 : 8	+6901 : 16	=	5430 : 6901
etc.	etc.	etc.		

Así, la tangente del arco $v = \frac{2}{3}$ se expresa por medio de cada una de las fracciones $\frac{2}{3}$, $\frac{18}{23}$, $\frac{262}{333}$, $\frac{5430}{6901}$ etc. y, de hecho, se expresa con mayor exactitud por medio de cada una de las fracciones subsecuentes, de tal manera que cada fracción más pequeña es menos exacta. Dado que esta sucesión de fracciones no cesa nunca, sino que crece de tal modo que, no teniendo divisores comunes, el denominador y el numerador se tornan más grandes que cualquier número dado, se sigue que la tangente del arco $v = \frac{2}{3}$ es irracional. Esto también es cierto para las tangentes de todos los arcos que son $= \frac{m}{n}$ o que tienen una ratio racional con respecto al radio. Si se restan entre sí las primeras fracciones encontradas, se obtiene para la tangente del arco $v = \frac{2}{3}$ la serie

$$\frac{2}{3} + \frac{8}{3 \cdot 23} + \frac{32}{23 \cdot 333} + \frac{128}{333 \cdot 6901} + \text{ etc.}$$

la cual asimismo converge más fuertemente que cualquier serie geométrica y tiene una suma irracional.

§. 15.

Puesto que, por lo tanto, la tangente de todo arco racional es irracional, entonces, a la inversa, el arco de toda tangente racional es irracional. Pues, si se asume que el arco es racional, entonces, de manera contraria a la presuposición, la tangente sería irracional conforme a lo demostrado anteriormente.

§. 16.

En las tablas trigonométricas tenemos una única tangente racional, a saber, la de 45º, la cual es igual al radio y, por lo tanto, = 1. Por esta razón, el arco de 45° es irracional y, por consiguiente, también lo son los arcos de 90°, 180° y 360°, o [, en otras palabras,] estos arcos no tienen una ratio racional con el radio del círculo.

§. 17.

De lo dicho hasta ahora queda entonces claro que ningún arco puede al mismo tiempo tener una ratio racional con respecto al radio y con respecto a su tangente. Hay, sin embargo, innumerables maneras en las que un arco puede tener una ratio racional con respecto a su tangente. No obstante, también se puede demostrar que, en todos esos casos, tanto el arco como su tangente son *inconmensurables* con el radio. Pues, en primer lugar, en virtud de lo que ya se ha demostrado, no es posible que ambos tengan, al mismo tiempo, una ratio racional con respecto al radio. Supongamos pues que sólo es racional la tangente o bien el arco. En el primer caso, la tangente tendría que ser *conmensurable* tanto con el radio como con el arco. Así, el arco sería por ende a su vez *conmensurable* con el radio, puesto que la suma o la diferencia de dos ratios racionales es asimismo racional. En el otro caso, el arco sería *conmensurable* con la tangente a la vez que con el radio y, así, la tangente tendría asimismo una ratio racional con respecto al radio. Ahora bien, dado que, en virtud de lo antes probado, el radio, el arco y la tangente no son *conmensurables* a la vez, entonces ambos casos antes mencionados quedan invalidados. Conforme a ello, si el arco y la tangente tienen entre sí una ratio racional, entonces ambos son *inconmensurables* con el radio.

§. 18.

Aún abordaré brevemente dos casos que aparentemente tienen alguna plausibilidad en relación con la cuadratura del círculo. El primero es la siguiente proposición: si se describe un polígono regular o irregular arbitrario alrededor de un círculo, de manera que cada lado toque el círculo, entonces el perímetro del polígono se comporta con respecto a su contenido como la circunferencia del círculo se comporta con respecto a su contenido. Paso por alto la prueba porque es muy sencilla. El otro caso es un *fenómeno* que se da de la siguiente manera: si 1 se divide por $0,7853981634\ldots$, en tanto cuarta parte de los números **ludolphinos**, entra 1 vez y resta 0,2146018366.... Si ahora este resto divide a $0,7853981634\ldots$, el cual era antes divisor, entra 3 veces y resta $0,1415926536\ldots$ Poniendo el número 3 delante de este remanente, se obtiene $3,1415926535 \div ..,$[28] los cuales son precisamente los números **ludolphinos.**[29] No diré nada más sobre esto más allá de que es un mero *fenómeno* a partir del cual no se puede concluir nada acerca de la cuadratura del círculo. Tampoco es difícil encontrar la causa de ello.

[28]En [Rudio 1892, p. 155] esto aparece de la siguiente forma: $3,1415926535...$

[29]Estos números han sido corregidos en [Rudio 1892, p. 155], en donde aparecen de la siguiente manera: $0,7853981633\ldots$, $0,1415926535....$, y, por ende, $3,1415926535\ldots$ [Lambert 1766/1770, pp. 168–169].

Capítulo 4

Comentarios introductorios y esquema de la *Mémoire* (1761/1768)

Por lo tanto la circunferencia del círculo no es al diámetro como un número entero a un número entero.

- J. H. Lambert, *Mémoire.*

4.1. Algunos comentarios sobre la *Mémoire*

El interés y la importancia histórica de este trabajo de Lambert resulta evidente desde el momento en que uno da cuenta de los grandes temas que aborda el suizo.[1] Sin duda la fama se la lleva la primera parte del artículo, la que dedica a la irracionalidad de π, en la que haciendo gala

[1]Pretendo únicamente hacer algunos comentarios sin entrar en detalles, puesto que todas las explicaciones relevantes se pueden ver en la parte dedicada a la traducción anotada.

de una gran destreza con herramientas matemáticas tan recientes como las fracciones continuas, y de un rigor poco propio para la época, zanja un tema que había sido una preocupación para muchos durante siglos. El tema de la naturaleza de esta constante, había tomado un nuevo impulso desde los esfuerzos hercúleos de Ludolph van Ceulen a finales del XVI, con el uso de las nuevas herramientas analíticas y su aplicación a los problemas de cuadratura. Autores como Gregory, Huygens, Mengoli, Leibniz o Wallis se enfrentaron a estas cuestiones, y en particular, a la más concreta de la cuadratura del círculo en la que π jugaba un papel central. Lambert coge el testigo de esta tradición analítica —enriquecida por Euler con su primer estudio sistemático de las fracciones continuas— y zanja la cuestión de su irracionalidad.

Es de recibo en cualquier caso matizar esta última afirmación, puesto que en torno a la demostración de Lambert han surgido dudas. Tal es el caso de Ferdinand Rudio o el de Felix Klein (que sigue a aquél), y que se refieren a la demostración de Lambert como incompleta,[2] en contraposción a autores como Alfred Pringsheim o J. W. L. Glaisher. Pringsheim dice que el trabajo de Lambert es «sumamente ingenioso y en lo esencial sin defectos»,[3] mientras que Glaisher en su artículo *«On Lambert's Proof of the Irrationality of π, and on the Irrationality of certain other Quantities»*, compara su demostración con la de Legendre —demostración que vino a completar los vacíos de la de Lambert según algunas interpretaciones— en los siguientes términos:[4]

> Aunque el método de Legendre es tan riguroso como aquel en el que se basa, aún así, en lo general, la demostración de Lambert parece ofrecer una prueba más notable y convincente de la verdad de la proposición.

Y añade después de realizar su exposición:

---

[2]Ver [Baltus 2003].

[3][Cantor IV 1908, p. 447] (traducción de José Ferreirós).

[4][Glaisher 1871, p. 12].

> Que la demostración de Lambert es perfectamente rigurosa y sitúa el hecho de la irracionalidad de π más allá de toda duda, es evidente a todo aquel que la examine cuidadosamente; y considerando la poca atención que se la había prestado a las fracciones continuas antes de ser escrita, este no puede sino ser considerado como un trabajo muy admirable.

Como se verá más adelante, la interpretación que se da aquí muestra básicamente un único punto conflictivo en la demostración; un paso no obvio y necesitado de prueba, pero que no merecería ser la fuente de las críticas hacia la demostración teniendo en cuenta el año en el que se hace (1761/1768).

Es posible, aunque no puede considerarse seguro, que a Lambert le hubiese ocurrido lo mismo que a Euler en relación a su demostración de la irracionalidad de e. Algunos historiadores tomaban como su «demostración» la afirmación incluida en el último capítulo del tomo primero de su *Introductio*. Allí,[5] Euler presenta una fracción continua simple infinita para $\frac{e-1}{2}$, lo cual asegura la irracionalidad de dicha fracción y por ende de e, pero no proporciona justificación alguna, limitándose a comentar: «fracción de la que se puede dar razón a partir del cálculo infinitesimal». Lo que ocurre es que en realidad, Euler ya había publicado una demostración rigurosa en un trabajo mucho menos conocido.[6]

Lambert podría estar en la misma situación: por una lado publica un artículo cuyo título indica claramente el tema que va a tratar, y cuyo contenido se dirige a un público más general —es la parte V de su [Lambert 1766/1770], con título[7] *Conocimientos previos para quie-*

[5] [Durán et al. 2000, p. 382].

[6] Ver [Petrie 2009, p. 105] —quien remite a un estudio hecho por Ed Sandifer— para una explicación más completa. El trabajo menos conocido de Euler al que me refiero es [Euler 1744].

[7] *Vorläufige Kenntnisse für die, so die Quadratur und Rektifikation des Cirkuls suchen.*

nes buscan la cuadratura y la rectificación del círculo— por lo tanto un trabajo accesible en el que hace algunas afirmaciones sobre la naturaleza de π; y por otro lado tenemos un trabajo más académico sin una referencia directa en su título a la cuadratura del círculo ni a π, y dirigida a un público más reducido —su [Lambert 1761/1768]— y por lo tanto un trabajo mucho menos conocido, pero que al contrario sí incluye una prueba rigurosa de la irracionalidad de π.

Un ejemplo de esta interpretación podría ser el caso de A. L. Crelle, quien en su traducción del trabajo de Legendre (3ª edición alemana, 1837) comenta que la demostración que da Lambert de la irracionalidad de π es menos rigurosa que la de este, y hace referencia a [Lambert 1766/1770].[8] En la literatura más reciente, un ejemplo lo tenemos en [Beckmann 1971, pp. 170, 171], donde se dice en relación a la ya mencionada parte V de [Lambert 1766/1770] que:

> Lambert investigó ciertas fracciones continuas y demostró el siguiente teorema:
>
> *Si x es un número racional no nulo, entonces* $\tan x$ *no puede ser racional*

añadiendo que «Legendre, en sus *Elementes de Géometrie* (1794) demostró la irracionalidad de π de una manera más rigurosa».[9] Exactamente en la misma línea se encuentra [Ebbinghaus et al. 1988, p. 149], donde se vuelve a tomar como referencia [Lambert 1766/1770], y se añade que la demostración de Lambert ahí incluida «no es completamente rigurosa porque le falta un lema sobre la irracionalidad de ciertas fracciones continuas infinitas», lema que sería probado por Legendre.

Quizá, deberíamos decir, en la propagación de esta visión Lambert tenga su parte de culpa, puesto que en [Lambert 1766/1770, p. 167] se

---

[8] Agradezco los comentarios de José Ferreirós al respecto.

[9] [Beckmann 1971, pp. 170, 171].

expresa en los siguientes términos:

> Puesto que, por lo tanto, la tangente de todo arco racional es irracional, entonces, a la inversa, el arco de toda tangente racional es irracional. Pues, si se asume que el arco es racional, entonces, de manera contraria a la presuposición, la tangente sería irracional *conforme a lo demostrado anteriormente.*[10]

De todos modos esta interpretación puede dar cuenta, parcialmente, de este tipo de declaraciones, aunque no ha de tomarse como una explicación definitiva. Por ejemplo, ya se ha mencionado el caso de Rudio, quien en [Rudio 1892] parece hacer referencia explícita a la *Mémoire* de Lambert cuando habla de que a su demostración le falta un punto clave, y que este sería aportado por Legendre en su ya citada nota, aunque desafortunadamente no indica el lugar concreto de la prueba en el que considera que está el problema. En cualquier caso, Pringsheim en su *Ueber die ersten Beweise der Irrationalität von e und* π, comenta, haciendo referencia entre otros a Rudio y a Klein, que bajo su punto de vista la interpretación de que la prueba de Legendre vino a completar la de Lambert no se sostiene, y que Lambert demostró este (y otros hechos[11]) «*con un rigor que es realmente excepcional* para su tiempo», apuntando nuevamente a la demostración de convergencia que sí incluye Lambert pero no Legendre.

La impresión general es que los matemáticos de esta época estaban fuertemente orientados hacia problemas y métodos de cálculo, fórmulas generales y aproximaciones numéricas, mientras que la orientación que toma Lambert en 1761/1768 es de una tendencia claramente más teórica y lógica.[12] Estamos pues ante un resultado que parece pionero,

---

[10] Traducción de Elías Fuentes Guillén (las itálicas son mías).

[11] Se refiere a la irracionalidad de e^x con x un racional no nulo.

[12] Enfaticemos que Lambert, siempre difícil de categorizar, fue también un lógico de renombre, un metafísico que trabajó en filosofía teórica, es decir, un hombre con claras tendencias especulativas.

avanzado para su época, y que podría ser encuadrado más fácilmente dentro de la orientación general de las matemáticas desde digamos la primera mitad del siglo XIX, lo que parece explicar que hubiese pasado desapercibido en su época. A este respecto resultan muy ilustrativas las palabras del historiador de las matemáticas A. von Braunmühl recogidas en [Cantor IV 1908, 447–448]:[13]

> Los contemporáneos de Lambert sin embargo parecen o haber pasado por alto su trabajo, o haber ignorado el significado del paso que dio al dilucidar la naturaleza de π, por medio de su prueba exacta [...] La naturaleza del procedimiento de la demostración de Lambert al completo, permaneció fuera de la esfera de la actividad de sus contemporáneos, dirigida casi exclusivamente a la expansión formal de las matemáticas, con lo que resulta comprensible que pudiese ser ignorado.

Dejando ya a un lado la irracionalidad de π, de especial interés es que Lambert hace uno de los primeros usos modernos de las funciones hiperbólicas, aunque la terminología que usa él no es la moderna (él habla de «cantidades trascendentes logarítmicas»). Luego de hacer notar el parecido entre la representación en serie de las funciones trigonométricas circulares y las hiperbólicas, busca la razón detrás de dicha similitud, razón que encuentra en el hecho de que mientras que las primeras parametrizan la circunferencia, las segundas parametrizan la hipérbola.

Por último y casi al final del trabajo, Lambert hace la primera distinción moderna entre irracionales algebraicos y trascendentes. A lo largo del artículo se puede ver cómo el significado moderno del término «trascendente» va aflorando a medida que uno se acerca al final del mismo, pasando de representar cantidades no expresables a través de los medios clásicos —combinaciones finitas de operaciones algebraicas usuales (suma, resta, multiplicación, división y extracción de raíces)— a cantidades

[13] Agradezco a José Ferreirós la traducción.

que no son raíces de ecuaciones algebraicas. En cualquier caso y como se detalla en la traducción anotada, este uso no se hizo definitivo hasta que nuevos resultados en el campo del álgebra y la teoría de números —el teorema de Ruffini-Abel y el teorema de Liouville— motivaron el cambio del viejo marco teórico («ser expresable») al nuevo («ser raiz»). La parte final del trabajo culmina concretamente y de manera notable, con la conjetura de la trascendencia de π y la imposibilidad de cuadrar el círculo.

En general, la *Mémoire* no es un trabajo, digamos, autocontenido, en el sentido de que permita una lectura cómoda y sencilla. Baste para dejar clara esta idea lo que dice Legendre en la Nota VI de sus *Elementos de Geometría* —titulada *Donde se demuestra que la razón de la circunferencia al diámetro y su cuadrado son números irracionales*, y en la que da una nueva demostración mucho más breve y sencilla de este hecho— sobre (solo) la parte dedicada a la demostración de irracionalidad de π:

> Ya conocemos una demostración de esta proposición que ha sido dada por Lambert en las Memorias de Berlín, año 1761; pero, como esta demostración es larga y difícil de seguir, hemos tratado de abreviarla y simplificarla.[14]

Es por eso que es útil e incluso necesaria una guía para aquellos que quieran leer y comprender este importante trabajo, sin caer en la tentación de abandonar e ir directamente a demostraciones más sencillas de irracionalidad como la de Legendre o la más moderna de Ivan Niven; ni que decir para los que se adentren en la lectura de todo el artículo. Un resumen de lo que uno se podría encontrar —y de hecho lo que el

[14] [Legendre I 1794, p. 296]. En la 2ª edición la demostración se incluye en la Nota V y a partir de la 4ª (la 3ª edición no la he podido consultar) en la Nota IV. El comentario a Lambert a partir de la 4ª edición (repito que la 3ª edición no la he podido consultar) se reduce a una breve nota a pie de página:

> Esta proposición ha sido demostrada por primera vez por Lambert, en las Memorias de Berlín, año 1761.

autor de estas líneas se encontró— en la búsqueda de dicha guía sería el siguiente.

Para empezar, no hay ninguna traducción del trabajo completa ni al inglés ni al castellano, ya sea anotada o sin anotar, y tampoco hay ninguna traducción completa de la demostración de irracionalidad de π, ya sea anotada o sin anotar; esta es la primera. Los trabajos a los que se remite constantemente son comentarios o traducciones de ciertas partes de la *Mémoire*, así que la búsqueda en un primer momento puede resultar descorazonadora. Lo que sí hay es una anotación en francés del trabajo completo en su lengua original; se trata de [Speiser 1946–1948]. Este trabajo de Andreas Speiser, quien editó la obra matemática de Lambert, es el trabajo clásico al que se suele remitir en última instancia —por ejemplo [Serfati 1992, p. 75]— pero las 10 notas a pie de página con las que acompaña la edición de la *Mémoire* distan de solucionar todos los obstáculos a los que se enfrentaría uno en su lectura. Se ha decidido incluir también las anotaciones de Speiser (véase Apéndice B) por lo clásico del trabajo, así que en cualquier caso el lector podrá juzgar por sí mismo.[15] Lo que sí es indudable es la meticulosidad de su análisis, en tanto que corrige todos y cada uno de los errores o erratas de Lambert, aún cuando alguno de ellos no es fácil de localizar. Algunas veces hace la corrección en una nota a pie de página, y otras veces lo hace directamente en el cuerpo principal del texto, incluyendo el original a pie de página; hay ocasiones en las que corrige el texto sin hacer mención de ello.

Tratando de buscar más detalles,[16] uno se encontraría comentarios

[15]Dado que, como se verá, en ocasiones se juntan las anotaciones de Speiser con las propias de esta versión, téngase en cuenta que las del alemán tienen todas la forma 1) o 2), y las de la versión actual tienen la numeración usual. De esta forma no habrá confusión alguna.

[16]He de decir que este resumen no muestra mi andadura en orden cronológico, puesto que hay, como sabrá el lector, fuentes más rápidas y fáciles de consultar que otras. Por ejemplo el trabajo antes citado de Adreas Speiser fue el último que he podido analizar, mucho después de haber preparado casi por completo la traducción

sobre todo en lo que a la demostración de irracionalidad de π se refiere, como por ejemplo [Struik 1969, pp. 369–374] y [Berggren 1997, pp. 369–374] pero contienen exactamente lo mismo (de hecho el último reedita lo que incluye el primero): únicamente los puntos 37-51 de dicho trabajo y sin anotaciones. Faltan los 37 primeros puntos y los puntos del 51 al 91 y no son de poco interés como hemos comentado ya brevemente.

Una parada obligada sería [Serfati 1992, pp. 62–83] no tanto para el que quiera detalles técnicos como para el que quiera un acercamiento más global al trabajo, concretando en los puntos en los que Lambert toca temas de irracionalidad y trascendencia; en su trabajo más reciente [Serfati 2018, pp. 179–184] uno encuentra básicamente lo mismo. Para detalles técnicos, en este caso referente únicamente a su demostración de irracionalidad, es clave [Baltus 2003], quien aborda en una de las partes del artículo el principal «pero» que se le pone a la demostración de Lambert.

De camino hacia lo más reciente, uno vería como Martin Mattmüller y Franz Lemmermeyer, en su edición de la correspondencia entre Euler y Goldbach, ponen como referencia un artículo de Bruce J. Petrie [Petrie 2009] para «una exposición moderna de la demostración de Lambert».[17] Ciertamente este trabajo contiene una explicación más detallada —basada en parte, por cierto, en la dada en [Struik 1969]— pero para el resto de la demostración (los puntos 1–37) Petrie remite simplemente a [Chrystal II 1906, pp. 517–523], que no la sigue literalmente sino que hace un acercamiento moderno y muy técnico, y a [Brezinski 1991, 109–111], que en las tres páginas que le dedica solo hace algunos comentarios. De hecho Brezinski remite a [Struik 1969] para una traducción en inglés (repito que la traducción es solo parcial y sin anotaciones).

Un poco fuera de lo «más típico» y en lo que se refiere a su trata-

con las anotaciones.

[17][Lemmermeyer et al. I 2015, p. 55 nota 65].

miento de las funciones hiperbólicas contenido en la *Mémoire* (Lambert es pionero es esto), sí que hay un trabajo —[Barnett 2004]— que analiza esta parte, pero no es traducción y hay cosas que la autora se deja y que Lambert sí trabaja (cosas que él usa al final del trabajo como el concepto de «tangente prima»). También en [Juhel 2009] se puede ver un análisis útil tanto de esta cuestión como de las partes dedicadas a la irracionalidad de π y a la conjetura que lanza Lambert sobre su trascendencia.

Aunque este breve resumen no cubre todo el material sobre el tema, lo dicho servirá para hacerse una idea de las lagunas que rodean a este importante trabajo y de la idoneidad de una tal publicación en forma de traducción anotada del artículo *Mémoire sur quelques propriétés remarquables des quantités transcendentes circulares et logarithmiques* (1761/1768).

Por cierto que esta doble datación quizá requiera una explicación. Los años 1761/1768 hacen referencia probablemente al período de entrega de los diferentes trabajos incluidos en ese ejemplar de las Memorias de la Academia de Berlín. En el caso de la *Mémoire* de Lambert, él mismo dice en [Lambert 1766/1770] que lo redactó unos meses después de haber redactado este último, algo que hace en 1766. Karl Bopp indica que la *Mémoire* se escribe en 1767 y se publica, como indica el propio volumen de la Academia, en 1768. De hecho, Lambert hace una anotación en su *Monatsbuch* con fecha Julio de 1767 que empieza así:

> Sur une proprieté remarquable des quantités transcendentes circulaires et Logarithmiques. Diss[ertatio] acad[emica].

A mayores, los estatutos de la Academia habían establecido la celebración de sesiones plenarias semanales cada Jueves. A ellas debían asistir los miembros ordinarios, y se daba cuenta de las actividades realizadas procediéndose a la lectura de los trabajos pendientes de publicación. En la sesión plenaria del Jueves 17 de Septiembre de 1767, queda registrada la lectura de la *Mémoire* por parte de Lambert.[18]

4.2. Resumen esquemático

Lo que viene a continuación es un breve esquema de la *Mémoire*. La intención es dar simplemente una idea general del trabajo; los detalles se muestran en el capítulo siguiente.

- <u>§. 1. – §. 3. (pp. 265–267)</u>
  - ∗ Breve introducción histórica sobre la problemática que rodea a π.
  - ∗ Explicación intuitiva por la que uno debería esperar la irracionalidad de π.
  - ∗ Qué se pretende demostrar:

$$[v \in \mathbb{Q} \Longrightarrow \tan v \notin \mathbb{Q}] \tag{4.1}$$

    y cómo hacerlo: usando el Algoritmo de Euclides para el cálculo del máximo común divisor.

- <u>§. 4. – §. 15. (pp. 267–275)</u>
  - ∗ Expresión mediante fracción continua de la tangente.

[18]Se pueden consultar las actas de dichas sesiones en la web de la Academia de Ciencias de Berlín. En la del 17 de Septiembre de 1767 se puede leer: «M. Lambert ha leído <u>Sobre las cantidades trascendentes</u>». La referencia a la lectura de este trabajo aparece también en la esquina inferior izquierda de la primera página del mismo: «Leído en 1767». En relación a las fechas, [Rudio 1892] advierte de que, aunque lo repite mucha gente, el dato 1761 como fecha es erróneo. Las partes relevantes del Monatsbuch a este respecto son [Bokhove et al. 2020, pp. 112 (nota 527), 164 (nota 733), 169 (nota 763), 172 (nota 773)]. Me gustaría aclarar que he podido acceder a este trabajo gracias a la amabilidad de Armin Emmel, que me envió de forma totalmente desinteresada las partes relacionadas con mi investigación. Así mismo, agradezco a José Ferreirós la traducción de dichas partes.

* Demostración por inducción de dicha expresión.
* Casos particulares en los que (4.1) puede ser demostrado.

- <u>§. 16. – §. 30. (pp. 276–286)</u>
    * Búsqueda y demostración por inducción, del término general por recurrencia de la sucesión de las fracciones convergentes $\{\frac{p_n}{q_n}\}$ de la fracción continua de $\tan v$.
    * Búsqueda y demostración por inducción —en base a este término general por recurrencia— del término general de esta misma sucesión dependiente únicamente de n.
    * Demostración de que dicha sucesión efectivamente converge a $\tan v$.
- <u>§. 31. – §. 51. (pp. 286–297)</u>
    * Expresión en serie de la tangente a partir de las convergentes.
    * Demostración por reducción al absurdo de (4.1).
    * Como consecuencia inmediata, $\pi \not\in \mathbb{Q}$ ya que $\tan \frac{\pi}{4} = 0 \in \mathbb{Q}$.
- <u>§. 52. – §. 71 (pp. 297–304)</u>
    * Resultados que motivan la introducción del concepto de «tangente prima».
    * El caso de $\tan 45^{\circ}$.
    * Resultados sobre tangentes primas.
    * La similitud con el coseno (de manera completamente análoga al de la tangente se tendría el concepto de coseno primo con resultados similares) y la diferencia con el seno (en este caso no).
- <u>§. 72. – §. 88 (pp. 304–320)</u>

* Búsqueda de las fracciones que aproximen tanto por defecto como por exceso a la fracción continua. Expresión en fracción continua de la cotangente.

* Similitud entre las series infinitas de las «cantidades trascendentes circulares» (seno y coseno) y las «cantidades trascendentes logarítmicas» (seno y coseno hiperbólico). Expresión en fracción continua de algunas expresiones racionales de e^x. Nuevo resultado de irracionalidad:

$$x \in \mathbb{Q} \Longrightarrow e^x \notin \mathbb{Q}$$

* Conexión entre las «cantidades trascendentes logarítmicas» y la hipérbola equilátera, en la misma forma que esa conexión se da entre las «cantidades trascendentes circulares» y la circunferencia.

* Nuevos resultados de irracionalidad: tangente hiperbólica y logaritmos naturales.

* Lo que parece una afirmación de la trascendencia —ya no en el sentido clásico del término, sino en su sentido moderno— del número e. Resultados de irracionalidad para logaritmos hiperbólicos.

* Sobre cómo el concepto de «tangente prima» se aplica igualmente para el caso hiperbólico.

* Un último vistazo a la analogía entre las «cantidades trascendentes circulares» y las «cantidades trascendentes logarítmicas».

- <u>§. 89. – §. 91 (pp. 320–322)</u>

  * Primera diferenciación moderna entre irracionales en términos de algebraicos y trascendentes.

* Conjetura de la trascendencia de las «cantidades trascendentes logarítmicas» y las «cantidades trascendentes circulares».

* Conjetura de la trascendencia de π y por ende de la imposibilidad de cuadrar el círculo.

Capítulo 5

Una traducción anotada de la *Mémoire* (1761/1768)

Digo entonces que ninguna cantidad trascendente circular & logarítmica podrá ser expresada por cantidad irracional radical alguna, que se relacione con la misma unidad, & en la que no entre ninguna cantidad trascendente *[...] Una vez demostrado este teorema en toda su universalidad, se seguirá que la circunferencia del círculo no pudiendo ser expresada por cantidad radical alguna, ni por cantidad racional alguna, no habrá manera de determinarla por construcción geométrica alguna.*

- Lambert, *Mémoire (1761/1768).*

MEMORIA

SOBRE

ALGUNAS PROPIEDADES NOTABLES DE LAS CANTIDADES TRASCENDENTES CIRCULARES Y LOGARÍTMICAS[1]

POR M. Lambert.[2]

§. I.

Demostrar que el diámetro del círculo no es a la circunferencia como un número entero a un número entero, es algo, que apenas sorprenderá a los geómetras. Conocemos los números de *Ludolph*, las razones encontradas por *Arquímedes*, por *Metius* etc. así como un gran número de series infinitas, todas referidas a la cuadratura del círculo. Y si la suma de estas series es una cantidad racional, debemos concluir como es natural, que será o un número entero, o una fracción muy simple. Ya que, si fuera una fracción muy compuesta, ¿qué razón habría?, ¿por qué esta y

[1]Trascendente en el sentido Euleriano-Leibniz, aunque será precisamente en este trabajo donde adquiera su significado moderno (§. 89. - §. 91.). Por otro lado y como ya se ha comentado, con cantidades logarítmicas se refiere a las hiperbólicas dada la conexión entre la hipérbola y el logaritmo (más adelante se incide de nuevo sobre esto).

[2]«Leído en 1767.
Mém. de l'*Acad.* Tom. XVII».

no otra cualquiera?[3] Es así, por ejemplo, que la suma de la serie

$$\frac{2}{1\cdot 3}+\frac{2}{3\cdot 5}+\frac{2}{5\cdot 7}+\frac{2}{7\cdot 9}+\&c.$$

[3]Basándose en esta premisa y en el hecho de que algunas de las aproximaciones encontradas para el área del círculo lejos de ser sencillas son cada vez más complejas ($\frac{11}{14}$ y $\frac{355}{452}$), Lambert concluye al final de este punto que dicho área tiene que ser un número irracional puesto que, ¿qué razón habría para que siendo racional fuese una fracción muy compuesta? Aunque parece claro que lo que pretende es llamar la atención sobre cierto hecho que debería llevar a uno a confiar en la irracionalidad, lo cierto es que esta «prueba por simplicidad» (tomo el término de [Serfati 1992, p. 64]) parece demasiado vaga como para ser tomada en serio. Pero lo más sorprendente es que en el punto §. 2, si bien comenta que un problema como este, relacionado con la cuadratura del círculo, no se puede dejar en manos de un razonamiento de estas características, «hay sin embargo casos en los que no se pide más». La pregunta obligada es: ¿en qué casos un razonamiento como este podría ser suficiente? Parece lo opuesto a lo que se le pide a una justificación. Lo que está claro es que algo así debe ser reflejo de un modo de pensar más o menos generalizado y no un caso aislado. De hecho este tipo de pruebas por simplicidad se pueden entrever en otros autores de la época. Por ejemplo en [Bullynck 2009, p. 147] se dice que Wolfram usó falsamente el siguiente criterio de trascendencia:

$$\alpha \quad \text{algebraico} \Longleftrightarrow \exists n \in \mathbb{N} \quad \text{tal que} \quad \alpha^n \in \mathbb{Q}$$

Esto en realidad podría ser solo una nueva aplicación de este principio de simplicidad: si $\alpha^n \not\in \mathbb{Q}$ para ningún $n \in \mathbb{N}$, estamos diciendo que α no es raiz de ninguna $x^n + q = 0$ (es decir que tiene todas las papeletas para ser trascendente); si no es raiz de este tipo de ecuaciones, usando dicho principio, uno podría concluir que no lo es de ninguna. [Euler 1785, p. 8] usa de manera muy clara un principio muy similar al que usa Lambert, cuando después de demostrar que $\pi \neq a\sqrt{2} + b\sqrt{3}$ concluye que π no puede ser expresado mediante radicales con el siguiente argumento: «No llevaré estas operaciones más allá, ya que si se diese una relación exacta [en términos de radicales], sin duda no sería tan complicada». Más aún, hay ejemplos en esa misma época que sonarían incluso más extraños, en los que se establecen resultados con la ayuda de ciertos razonamientos no matemáticos. El caso de Leibniz (ver [Español et al. 2008, pp. 185 y 186]), alguien que por cierto influyó en Lambert, como mínimo a través de Wolff, es claro cuando en una carta a este último defiende el valor $\frac{1}{2}$ para la suma $1-1+1-1+1-1+\cdots$ ya que si bien truncando esa suma en un número par de sumandos daría 0 y en número impar daría 1, al continuar la suma hasta el infinito la diferencia entre par e impar se difumina, apareciendo dichos valores con el mismo promedio, con lo que dicha suma debería ser $\frac{0+1}{2}=\frac{1}{2}$, razonamiento que defiende ya que:

Aunque este género de argumentación pueda verse como más metafísi-

es igual a la unidad,[4] que de todas las cantidades racionales es la más simple. Mas, omitiendo alternativamente los términos $2, 4, 6, 8$ &c., la suma de los otros

$$\frac{2}{1\cdot 3}+\frac{2}{5\cdot 7}+\frac{2}{9\cdot 11}+\frac{2}{13\cdot 15}+\&\text{c.}$$

da el área del círculo,[5] cuando el diámetro es $= 1$. Parece entonces que, si esta suma fuese racional, debería igualmente poder ser expresada por una fracción muy simple, tal como sería $\frac{3}{4}$ o $\frac{4}{5}$ &c. En efecto, siendo el diámetro $= 1$, el radio $= \frac{1}{2}$, el cuadrado del radio $= \frac{1}{4}$, es claro que estas expresiones siendo también simples, no suponen obstáculo.[6] Y como se trata de todo el círculo, que hace una especie de unidad, & no de

co que matemático, es sin embargo firme: y, por otra parte, el uso de las reglas de la verdadera metafísica (que va más allá de la nomenclatura de los términos usados) en Matemática, en Análisis, en la misma Geometría, es más frecuente de lo que la gente cree.

Razonamiento también adoptado por varios de los Bernoulli y criticado por Laplace tan tarde como en 1812, es decir, conocido y discutido [Español et al. 2008, pp. 186 y 187], [Klein 1983, pp. 307, 308]. La sorpresa que uno se puede llevar al leer cosas como estas, nos recuerdan mejor que nada los casi 300 años que nos separan.

[4]Dado que:

$$\frac{2}{1\cdot 3}+\frac{2}{3\cdot 5}+\frac{2}{5\cdot 7}+\frac{2}{7\cdot 9}+\cdots=\left(1-\frac{1}{3}\right)+\left(\frac{1}{3}-\frac{1}{5}\right)+\left(\frac{1}{5}-\frac{1}{7}\right)+\cdots=1$$

([Serfati 2018, p. 180 nota 32]).

[5]Leibniz había encontrado en 1673 —y de manera independiente J.Gregory y Nilakantha (ver [Berggren 1997, pp. 92, 93, 97 nota 4])— a partir de la serie infinita para el arcotangente, que el área del círculo de radio uno puede ser expresada mediante la serie:

$$\mathcal{A}_C=\frac{\pi}{4}=1-\frac{1}{3}+\frac{1}{5}-\frac{1}{7}+\frac{1}{9}-\cdots$$

Agrupando los términos de dos en dos:

$$\begin{aligned}\mathcal{A}_C=\frac{\pi}{4} &= \left(1-\frac{1}{3}\right)+\left(\frac{1}{5}-\frac{1}{7}\right)+\left(\frac{1}{9}-\frac{1}{11}\right)+\cdots\\ &= \frac{2}{1\cdot 3}+\frac{2}{5\cdot 7}+\frac{2}{9\cdot 11}+\frac{2}{13\cdot 15}+\cdots\end{aligned}$$

se obtiene precisamente el desarrollo que presenta Lambert.

[6]No suponen ningún obstáculo para que el valor del área $\frac{1}{4}\cdot\pi$ sea una *fraction fort simple* puesto que $\frac{1}{4}$ lo es; por lo tanto el problema recae en π.

cualquier Sector, que de su naturaleza demandaría unas fracciones muy grandes,[7] es claro, que tampoco a este respecto debemos esperar una fracción muy compuesta. Pero como, tras la fracción $\frac{11}{14}$ encontrada por *Arquímedes*, que no da sino una aproximación, pasamos a la de *Metius*, $\frac{355}{452}$, que tampoco es exacta, & donde los números son considerablemente más grandes, debemos concluir, que la suma de esta serie, bien lejos de ser igual a una fracción simple, es una cantidad irracional.

§. 2. Por muy vago que sea este razonamiento, hay sin embargo casos en los que no se pide más. Pero estos no son el caso de la cuadratura del círculo. La mayor parte de los que se dedican a buscarla, lo hacen con un ardor, que les lleva a veces a revocar en duda las verdades más fundamentales & mejor establecidas de la geometría. ¿Se podría creer, que se encontrarían satisfechos por lo que acabo de decir? Se necesita otra cosa. Se trata de demostrar, que en efecto el diámetro no es a la circunferencia como un número entero a un número entero, esta demostración debe ser tan firme, como cualquier demostración geométrica. Y con todo esto vuelvo a decir, que los geómetras no se sorprenderán por ello. Deben de estar acostumbrados desde hace mucho tiempo a no esperar otra cosa. Mas he aquí lo que merecerá más atención, & lo que será una buena parte de la Memoria. Se trata de mostrar, que *siempre que un arco de círculo cualquiera es conmensurable al radio, la tangente de ese arco le es inconmensurable*; & que recíprocamente, *toda tangente conmensurable no lo es de un arco conmensurable.*[8] He aquí de qué estar un poco más sorprendidos. Este enunciado parecería deber admitir una infinidad de excepciones, & no admite ninguna. Hay que ver todavía

[7]Si el área del círculo fuera una fracción, un sector del círculo sería una fracción de la fracción del área, y por tanto una *fraction fort grand.*

[8]Lo que se propone demostrar por lo tanto es que:

$$\text{Si} \quad v \in \mathbb{Q} \Rightarrow \tan v \not\in \mathbb{Q}$$

hasta qué punto las cantidades circulares trascendentes son trascendentes, & fuera de toda conmensurabilidad.[9] Como la demostración que voy a dar exige todo el rigor geométrico, & que por otra parte será un entramado de otros teoremas, que demandarán ser demostrados con igual rigor, estas razones me excusarán, cuando no me dé prisa por llegar al final, o cuando en el camino me detenga con lo que se presente destacable.

§. 3. Sea entonces *un arco de círculo cualquiera, pero conmensurable al radio:* & se trata de descubrir, *¿será este arco de círculo al mismo tiempo conmensurable a la tangente o no?* Imaginemos para este efecto una fracción tal, que su numerador sea igual al arco del círculo propuesto, & que el denominador sea igual a la tangente de este arco. Es claro que, sea cual sea la manera en la que se expresen este arco & la tangente, esta fracción debe ser igual a otra fracción, en la que el numerador & el denominador serán números enteros, siempre que el arco del círculo propuesto sea conmensurable a la tangente. Es claro también que esta segunda fracción debe poder ser deducida de la primera, por el mismo método, del que uno se sirve en aritmética para reducir una fracción a su mínimo denominador. Siendo conocido este método desde *Euclides*, en la 2ª prop. de su 7º libro,[10] no me detendré a demostrarlo de nuevo. Mas conviene remarcar que, mientras que *Euclides* solo lo aplica a números enteros & racionales, ¿tendré que servirme de otro método, cuando se trate de aplicarlo a cantidades, de las que se ignora si son racionales o no? He aquí entonces el procedimiento que convendrá al caso en cuestión.

[9] Como dice [Serfati 2018, p. 181], el término «trascendente» aquí «no tiene un significado técnico preciso [...]; simplemente significa que las cantidades involucradas son irracionales de una forma extraordinaria, más allá de cualquier estándar». El autor hace el mismo comentario en referencia a otra expresión de Lambert en otro lugar del texto, concretamente en el punto §. 81. cuando habla del número e, aunque en ese caso —como quedará debidamente comentado— parece vislumbrarse ya un significado moderno del término.

[10] El algoritmo del máximo común divisor de dos números no primos entre sí.

§. 4. Sea el radio = 1, y un arco de círculo cualquiera = v. Y tendremos las dos series infinitas bien conocidas[11]

$$\sin v = v - \frac{1}{2\cdot 3}v^3 + \frac{1}{2\cdot 3\cdot 4\cdot 5}v^5 - \frac{1}{2\cdot 3\cdot 4\cdot 5\cdot 6\cdot 7}v^7 + \&c.$$

$$\cos v = 1 - \frac{1}{2}v^2 + \frac{1}{2\cdot 3\cdot 4}v^4 - \frac{1}{2\cdot 3\cdot 4\cdot 5\cdot 6}v^6 + \&c.$$

Como en lo que seguirá daré dos series para la hipérbola que no diferirán de estas dos más que en que todos los signos son positivos, aplazaré hasta ese momento el demostrar la ley de progresión de esas series, & no lo demostaré más que para no omitir nada de todo lo que demanda el rigor geométrico.[12] Es suficiente entonces haber advertido a los Lectores de antemano.

§. 5. Ahora bien como

$$\tan v = \frac{\sin v}{\cos v},$$

[11]Lambert no utiliza la notación moderna del factorial de un número para representar productos sucesivos, que es posterior aunque no por mucho a la redacción de la *Mémoire* (la introdujo en 1808 el también alsaciano Cristian Kramp en su *Elementos de aritmética universal*; sin duda un buen ejemplo del poder simplificador de algunas notaciones).

[12]Se refiere a los desarrollos en serie del seno y el coseno hiperbólico que obtiene en este mismo trabajo. El parecido entre estos desarrollos, que no solo señala aquí, junto con otras consideraciones, le lleva a preguntarse sobre la verdadera conexión entre ambos, algo que como él mismo dice (§. 74.) había sido advertido anteriormente (1759) por Mr. de Foncenex. Dicha conexión reside en que de la misma forma que las funciones trigonométricas circulares parametrizan la circunferencia, las funciones trigonométricas hiperbólicas parametrizan la hipérbola equilátera. Lo que hace él es buscar las funciones que parametrizan la hipérbola obteniendo el coseno y el seno hiperbólico (ver [Barnett 2004] para más detalle).

tendremos, sustituyendo estas dos series, la fracción

$$\tan v = \frac{v - \frac{1}{2\cdot 3}v^3 + \frac{1}{2\cdot 3\cdot 4\cdot 5}v^5 - \&c.}{1 - \frac{1}{2}v^2 + \frac{1}{2\cdot 3\cdot 4}v^4 - \&c.}$$

Pondré para mayor brevedad

$$\tan v = \frac{A}{B},$$

de manera que sea

$$A = \sin v,$$
$$B = \cos v.$$

He aquí ahora el procedimiento que prescribe *Euclides.*

§. 6. Dividamos B entre A; sea el cociente $= Q'$, el residuo $= R'$. Dividamos A entre R'; sea el cociente $= Q''$, el residuo $= R''$. Dividamos R' entre R''; sea el cociente $= Q'''$, el residuo $= R'''$. Dividamos R'' entre R'''; sea el cociente $= Q^{IV}$, el residuo $= R^{IV}$. &c. de manera que continuando estas divisiones, se encuentren sucesivamente

$$\text{los cocientes}\, Q',\, Q'',\, Q''' \ldots\ldots. Q^n,\, Q^{n+1},\, Q^{n+2} \ldots. \&c.$$

$$\text{los residuos}\, R',\, R'',\, R''' \ldots\ldots. R^n,\, R^{n+1},\, R^{n+2} \ldots. \&c.$$

& es claro sin que lo advierta, que los exponentes n, $n+1$, $n+2$ &c. no sirven sino para indicar el número de cociente o de residuo con el que se encuentran marcados.[13] Con esto como base, he aquí lo que se trata de demostrar.

[13]Estas divisiones finalmente derivarán en un desarrollo en fracción continua de la

§. 7. En primer lugar, *no solamente que la división puede continuarse sin fin, sino que los cocientes seguirán una ley muy simple por cuanto*

$$\begin{aligned} Q' &= +1 : v, \\ Q'' &= -3 : v, \\ Q''' &= +5 : v, \\ Q^{IV} &= -7 : v, \ \&c. \end{aligned}$$

& en general

$$Q^n = \pm (2n-1) : v,$$

donde el signo + es para el exponente n par[1)], *el signo − es para el exponente n impar*[2)],[14] *& que de esta manera se tendrá para la tangente expresada mediante el arco la fracción continua muy simple*

$$\tan v = \cfrac{1}{1:v - \cfrac{1}{3:v - \cfrac{1}{5:v - \cfrac{1}{7:v - \cfrac{1}{9:v - \&c.}}}}}$$

---

tangente:

$$\frac{A}{B} = \frac{1}{\frac{B}{A}} = \frac{1}{Q' + \frac{R'}{A}} = \frac{1}{Q' + \cfrac{1}{\frac{A}{R'}}} = \frac{1}{Q' + \cfrac{1}{Q'' + \frac{R''}{R'}}} = \frac{1}{Q' + \cfrac{1}{Q'' + \cfrac{1}{\frac{R'}{R''}}}} = \cdots$$

Téngase en cuenta que el primer estudio sistemático sobre fracciones continuas lo hace Euler en 1737 en [Euler 1744] (lo escribe en 1737 y se publica en 1744 en las Actas de la Academia Nacional de San Petersburgo), con lo que las herramientas que usa Lambert y de las que como se verá hace un ágil manejo son muy novedosas.

[14]Como se ve claramente aquí hay un error: el signo + corresponde al exponente impar no al par, y el signo − al par no al impar.

§. 8. En segundo lugar, *que los residuos R', R'', R''' &c. se expresarán por las series siguientes, donde las leyes de progresión*[15] *son igual-*

[15]Téngase en cuenta la siguiente observación sobre las expresiones generales de los residuos que Lambert incluye en este punto. Cójase por ejemplo la expresión $\pm R^n$

$$\pm R^n = -\frac{2^n(1\cdot 2\cdot\cdots\cdot n)}{1\cdot 2\cdots(2n+1)}v^{n+1} + \frac{2^{n+1}(1\cdot 2\cdot\cdots\cdot(n+1))}{1\cdot 2\cdot\cdots\cdots(2n+3)}v^{n+3} - \&\text{c.}$$

Para empezar, uno podría pensar que, en base al &c., los productos sucesivos que aparecen en los numeradores seguirían la sucesión $n!$, $(n+1)!$, $(n+2)!$, $(n+3)!$, $\cdots$, pero lo cierto es que no. Si uno analiza los numeradores de los tres primeros sumandos (columnas) en los términos R', R'' y R'''

$2 = 2^1 \cdot 1!$	$4 = 2^1 \cdot 2!$	$6 = 2^1 \cdot 3$
$2\cdot 4 = 2^2 \cdot 2!$	$4\cdot 6 = 2^2 \cdot 3!$	$6\cdot 8 = 2^2\cdot(3\cdot 4)$
$2\cdot 4\cdot 6 = 2^3 \cdot 3!$	$4\cdot 6\cdot 8 = 2^3\cdot 4!$	$6\cdot 8\cdot 10 = 2^3\cdot(3\cdot 4\cdot 5)$

ve que a partir de la tercera columna ya no aparecen los factoriales puesto que se van reduciendo los multiplicandos a cada paso, algo que también ocurre en la segunda columna solo que lo que se quita es un 1 y esto no afecta multiplicativamente (aquí por lo tanto el &c. puede engañar un poco); esto también se pone de manifiesto más adelante en el propio texto. Debe tenerse en cuenta también que si uno le da a n el valor 1, la expresión resultante, R', no coincide con la dada por Lambert. Esto es porque las potencias de 2 no deberían modificar su exponente al cambiar de sumando (columna; véase la tabla de arriba); es decir, deberían ponerse

$$\begin{aligned}
\pm R^n &= -\frac{2^n(1\cdot 2\cdot\cdots\cdot n)}{1\cdot 2\cdots(2n+1)}v^{n+1} + \frac{2^n(1\cdot 2\cdot\cdots\cdot(n+1))}{1\cdot 2\cdot\cdots\cdots(2n+3)}v^{n+3} - \&\text{c.}\\
\pm R^{n+1} &= -\frac{2^{n+1}(1\cdot 2\cdots(n+1))}{1\cdot 2\cdot\cdots\cdot(2n+3)}v^{n+2} + \frac{2^{n+1}(1\cdot 2\cdot\cdot(n+2))}{1\cdot 2\cdot\cdots\cdot(2n+5)}v^{n+4} - \&\text{c.}\\
\mp R^{n+2} &= +\frac{2^{n+2}(1\cdot 2\cdots(n+2))}{1\cdot 2\cdot\cdots\cdot(2n+5)}v^{n+3} - \frac{2^{n+2}(1\cdot 2\cdots(n+3))}{1\cdot 2\cdot\cdots\cdot(2n+7)}v^{n+5} + \&\text{c.}
\end{aligned}$$

mente muy simples:

$$R' = -\frac{2}{2\cdot 3}v^2 + \frac{4}{2\cdot 3\cdot 4\cdot 5}v^4 - \frac{6}{2\cdot 3\cdot 4\cdot 5\cdot 6\cdot 7}v^6 + \&c.$$

$$R'' = -\frac{2\cdot 4}{2\cdot 3\cdot 4\cdot 5}v^3 + \frac{4\cdot 6}{2\cdot 3\cdot 4\cdot 5\cdot 6\cdot 7}v^5 - \frac{6\cdot 8}{2\cdot 3\cdot 4\cdot 5\cdot 6\cdot 7\cdot 8\cdot 9}v^7 + \&c.$$

$$R''' = +\frac{2\cdot 4\cdot 6}{2\cdot\cdots\cdot 7}v^4 - \frac{4\cdot 6\cdot 8}{2\cdot\cdots\cdots 9}v^6 + \frac{6\cdot 8\cdot 10}{2\cdot\cdots\cdot 11}v^8 - \&c.$$

$$R^{IV} = +\frac{2\cdot 4\cdot 6\cdot 8}{2\cdot\cdots\cdot 9}v^5 - \frac{4\cdot 6\cdot 8\cdot 10}{2\cdot\cdots\cdots 11}v^7 + \frac{6\cdot 8\cdot 10\cdot 12}{2\cdot\cdots\cdot 13}v^9 - \&c.$$

&c.

de manera que los signos de los primeros términos cambiarán siguiendo el orden cuaternario $- - + +$, *& que en general será*[1)]

$$\pm R^n = -\frac{2^n(1\cdot 2\cdot\cdots\cdot n)}{1\cdot 2\cdots(2n+1)}v^{n+1} + \frac{2^{n+1}(1\cdot 2\cdot\cdots\cdot(n+1))}{1\cdot 2\cdot\cdots\cdots(2n+3)}v^{n+3} - \&c.$$

$$\pm R^{n+1} = -\frac{2^{n+1}(1\cdot 2\cdots(n+1))}{1\cdot 2\cdot\cdots\cdot(2n+3)}v^{n+2} + \frac{2^{n+2}(1\cdot 2\cdot\cdot(n+2))}{1\cdot 2\cdot\cdots\cdot(2n+5)}v^{n+4} - \&c.$$

$$\mp R^{n+2} = +\frac{2^{n+1}(1\cdot 2\cdots(n+2))}{1\cdot 2\cdot\cdots\cdot(2n+5)}v^{n+3}\frac{2^{n+3}(1\cdot 2\cdots(n+3)}{1\cdot 2\cdot\cdots\cdot(2n+7)}v^{n+5} + \&c.$$

§. 9. Ahora bien para dar a la demostración de estos teoremas[16] toda la brevedad posible, consideremos que cada residuo R^{n+2} se encuentra dividiendo por el residuo R^{n+1}, que le precede inmediatamente, el antepenúltimo R^n. Esta consideración, hace que la demostración de la que se trata pueda ser dividida en dos partes. En la primera hay que hacer ver que; *si dos residuos* R^n , R^{n+1}, *que se suceden inmediatamente, tienen*

[16]Demostración que va a llevar a cabo en §.10. , §.11. , §.12. y §.13.

la forma que les he dado, el residuo R^{n+2}, que sigue inmediatamente, tendrá la misma forma. Una vez demostrado esto, no resta más que hacer ver, en la segunda parte de la demostración, *que la forma de los dos primeros residuos es la que deben tener.* Ya que, de esta manera, es evidente que la forma de todos los siguientes se establece como por sí sola.[17]

§. 10. Comencemos entonces por dividir el primer término del residuo R^n por el primer término del residuo R^{n+1}, a fin de obtener el cociente[18]

$$\begin{aligned} Q^{n+2} &= \frac{2^n(1\cdot 2\cdot 3\cdot\cdots\cdot n)}{1\cdot 2\cdot 3\cdots(2n+1)}v^{n+1} : \frac{2^{n+1}(1\cdot 2\cdot 3\cdots(n+1))}{1\cdot 2\cdot 3\cdot\cdots\cdot(2n+3)}v^{n+2} \\ &= 1 : \frac{2(n+1)v}{(2n+2)\cdot(2n+3)} = (2n+3) : v. \end{aligned}$$

Y es claro que, estando el residuo R^{n+1} multiplicado por el cociente

$$Q^{n+2} = (2n+3) : v,$$

& siendo sustraído el producto del residuo R^n, debe quedar el residuo[19] R^{n+2}.

[17]Lo que va a hacer por lo tanto es usar el método de inducción, un método que va a estar muy presente durante todo este trabajo, y que puede diferir del que usemos nosotros quizá en que él primero prueba la hipótesis de inducción y no la base (aunque dependerá de cómo lo haya aprendido cada uno). Sea como fuere, el rigor que toma el método en las manos de Lambert es el mismo.

[18]Como R^n y R^{n+1}, que es de lo que se parte, son el dividendo y el divisor respectivamente en el paso n-ésimo, para dar con el resto R^{n+2} se debe encontrar primero el cociente Q^{n+2}, y como en cualquier división entre polinomios —dividendo y divisor lo son aunque infinitos— el cociente se obtiene a partir de los primeros términos. Lo que esto deja ver, como Lambert comentará en §.14, es que demostrando los desarrollos de los residuos ya se demuestra el desarrollo de los cocientes.

[19]Ya que $R^{n+2} = R^n - R^{n+1}\cdot Q^{n+2}$, como ocurre en cualquier división. Lo que va a demostrar ahora, es que haciendo esa operación se obtiene efectivamente para R^{n+2} la forma general predicha, algo que va a hacer término a término.

§. 11. Pero para no tener que hacer esta operación para cada término separadamente & limitarnos con ello a una simple inducción, cojamos el término general de cada una de las series que expresan los residuos R^n , R^{n+1} , R^{n+2} , de manera que cogiendo el m-ésimo término de los residuos R^n , R^{n+1} , tendremos el $(m-1)$-ésimo término del residuo[20]

[20]Esto es porque al dividir el primer término entre el primer término —póngase la atención por ejemplo en el comienzo de la división cuando se divide el $\cos v$ entre el $\sin v$ en busca del primer cociente Q' y del primer resto R'— no se genera resto sino que se obtiene directamente el cociente ($\frac{1}{v}$ en este caso):

$$\begin{aligned} B &= \cos v = 1 - \frac{v^2}{2!} + \frac{v^4}{4!} - \frac{v^6}{6!} + \cdots \pm \frac{v^m}{m!} \mp \cdots \\ A &= \sin v = v - \frac{v^3}{3!} + \frac{v^5}{5!} - \frac{v^7}{7!} + \cdots \pm \frac{v^{m+1}}{(m+1)!} \mp \cdots \end{aligned}$$

Al dividir el segundo término entre el segundo término sí que se obtiene un resto que sería el comienzo de la serie R', o sea el primer término (pongamos R'_1):

$$R'_1 = -\frac{v^2}{2!} - \frac{1}{v} \cdot \frac{-v^3}{3!} = \frac{-2v^2}{3!}$$

Al dividir el tercero entre el tercero también se genera resto, en este caso el segundo sumando de la serie:

$$R'_2 = \frac{v^4}{4!} - \frac{1}{v} \cdot \frac{v^5}{5!} = \frac{4v^4}{5!}$$

y así sucesivamente.

R^{n+2}. Observado esto, los términos serán[1)] [21]

$$\pm r^{n} = -\frac{2^{n+m-1}(m\cdot(m+1)\cdot(m+2)\cdot\cdots\cdot(n+m-1)v^{n+2m-1}}{1\cdot 2\cdot 3\cdot 4\cdot\cdots\cdot(2n+2m-1)}$$

$$\pm r^{n+1} = -\frac{2^{n+m}\cdot(m\cdot(m+1)(m+2)\cdot\cdots\cdot(n+m)v^{n+2m}}{1\cdot 2\cdot 3\cdot 4\cdot\cdots\cdot(2n+2m+1)}$$

$$\pm r^{n+2} = -\frac{2^{n+m}\cdot((m-1)\cdot m\cdot(m+1)\cdot\cdots\cdot(n+m)\cdot v^{n+2m-1}}{1\cdot 2\cdot 3\cdot 4\cdot\cdots\cdot(2n+m+1)}$$

Ahora bien, puesto que debe ser

$$r^{n}-r^{n+1}\cdot(2n+3):v=r^{n+2},$$

[21] Además de algunas erratas en la omisión de paréntesis y en el último multiplicando del denominador de la última expresión, hay que volver hacer notar que los exponentes no deberían variar en función de m. Con estas consideraciones las expresiones deberían ser escritas como sigue:

$$\pm r^{n} = -\frac{2^{n}(m\cdot(m+1)\cdot(m+2)\cdot\cdots\cdot(n+m-1))v^{n+2m-1}}{1\cdot 2\cdot 3\cdot 4\cdot\cdots\cdot(2n+2m-1)}$$

$$\pm r^{n+1} = -\frac{2^{n+1}\cdot(m\cdot(m+1)(m+2)\cdot\cdots\cdot(n+m))v^{n+2m}}{1\cdot 2\cdot 3\cdot 4\cdot\cdots\cdot(2n+2m+1)}$$

$$\pm r^{n+2} = -\frac{2^{n+2}\cdot((m-1)\cdot m\cdot(m+1)\cdot\cdots\cdot(n+m))\cdot v^{n+2m-1}}{1\cdot 2\cdot 3\cdot 4\cdot\cdots\cdot(2n+2m+1)}$$

& que en efecto lo es[22]

$$r^n - r^{n+1}(2n+3) : v = -\frac{2^{n+m-1} \cdot (m \cdot \cdots \cdot (n+m-1)v^{n+2m-1}}{1 \cdot 2 \cdot 3 \cdot \cdots \cdot (2n+2m-1)}$$

$$+ \frac{2^{n+m}(m \cdot \cdots \cdot (n+m)v^{n+2m}}{1 \cdot 2 \cdot 3 \cdot \cdots \cdot (2n+2m+1)} \cdot \frac{2n+3}{v}$$

$$= \frac{2^{n+m-1} \cdot (m \cdots (n+m-1))}{1 \cdot 2 \cdot \cdots \cdot (2m+2m-2)} v^{n+2m-1} \cdot (-1 + \frac{2 \cdot (n+m) \cdot (2n+3)}{(2n+2m) \cdot (2n+2m+1)}$$

$$= -\frac{2^{n+m-1}(m \cdots (n+m-1))}{1 \cdot 2 \cdot \cdots \cdot (2n+2m-2)} v^{n+2m-1} \cdot \frac{(2m-2) \cdot (2n+2m)}{(2n+2m) \cdot (2n+m+1)}$$

$$= -\frac{2^{n+m} \cdot ((m-1) \cdot m(m+1) \cdot \cdots \cdot (n+m)v^{n+2m-1}}{1 \cdot 2 \cdot 3 \cdot \cdots \cdot (2n+m+1)},$$

[22]De nuevo hay que tener en cuenta el problema en las potencias de dos además de varias erratas. Una vez corregido esto, el resultado sería:

$$r^n - r^{n+1} \cdot (2n+3) = r^{n+2} = -\frac{2^n \cdot (m \cdot \cdots \cdot (n+m-1))v^{n+2m-1}}{1 \cdot 2 \cdot 3 \cdot \cdots \cdot (2n+2m-1)}$$

$$+ \frac{2^{n+1}(m \cdot \cdots \cdot (n+m))v^{n+2m}}{1 \cdot 2 \cdot 3 \cdot \cdots \cdot (2n+2m+1)} \cdot \frac{2n+3}{v}$$

$$= \frac{2^n \cdot (m \cdots (n+m-1))}{1 \cdot 2 \cdot \cdots \cdot (2n+2m-1)} v^{n+2m-1} \cdot (-1 + \frac{2 \cdot (n+m) \cdot (2n+3)}{(2n+2m) \cdot (2n+2m+1)})$$

$$= -\frac{2^n(m \cdots (n+m-1))}{1 \cdot 2 \cdot \cdots \cdot (2n+2m-1)} v^{n+2m-1} \cdot \frac{(2m-2) \cdot (2n+2m)}{(2n+2m) \cdot (2n+2m+1)}$$

$$= -\frac{2^{n+2} \cdot ((m-1) \cdot m(m+1) \cdot \cdots \cdot (n+m))v^{n+2m-1}}{1 \cdot 2 \cdot 3 \cdot \cdots \cdot (2n+2m+1)}$$

& por tanto

$$= \pm r^{n+2}.$$

Vemos, que teniendo los residuos R^n , R^{n+1} la forma que les he dado, el residuo R^{n+2} tendrá la misma forma. No se tratará por lo tanto más, que de asegurar la forma de los dos primeros residuos R' , R'', a fin de establecer lo que esta primera parte de nuestra demostración había admitido como verdad en forma de hipótesis. Y esto es lo que será la segunda parte de la demostración.

§. 12. Recordemos para este efecto, que el primer residuo R' es el que queda al dividir el

$$\cos v = 1 - \frac{1}{2}v^2 + \frac{1}{2\cdot 3\cdot 4}v^4 \cdots \frac{1}{1\cdots m}v^m \cdots\cdot \&c.$$

por el

$$\sin v = v - \frac{1}{2\cdot 3}v^3 + \frac{1}{2\cdot 3\cdot 4\cdot 5}v^5 \cdots \frac{1}{1\cdot\cdot(m+1)}v^{m+1} \cdots\cdot \&c.$$

Ahora bien siendo $= 1 : v$ el cociente que resulta de la división del primer término, vemos que será

$$R' = \cos v - \frac{1}{v}\cdot \sin v.$$

Multiplicando por lo tanto el término general del divisor,

$$\pm\frac{1}{1\cdot 2\cdot\cdot\cdot\cdot(m+1)}v^{m+1},$$

por $1 : v$, & sustrayendo el producto

$$\pm\frac{1}{1\cdot 2\cdot\cdot\cdot\cdot(m+1)}\cdot v^m,$$

del término general del dividendo

$$\pm\frac{1}{1\cdot 2\cdot\cdot\cdot\cdot m}\cdot v^m,$$

tendremos el término general del primer residuo R'

$$r' = \pm \frac{m \cdot v^m}{1 \cdot \cdots \cdot (m+1)}.$$

Ahora bien siendo $(m+1)$ siempre un número impar, m será un número par, & el primer residuo será[23]

$$R' = -\frac{2}{2 \cdot 3}v^2 + \frac{4}{2 \cdot 3 \cdot 4 \cdot 5}v^4 - \frac{6}{2 \cdot \cdots \cdot 7}v^6 + \&c.$$

tal como habíamos supuesto.

§. 13. El segundo residuo R'' resulta de la división de

$$\sin v = v - \frac{1}{2 \cdot 3}v^3 + \frac{1}{2 \cdot 3 \cdot 4 \cdot 5}v^5 - \&c. \cdots \pm \frac{1}{1 \cdot 2 \cdots (m-1)}v^{m-1}$$

por el primer residuo que acabamos de encontrar[24]

$$R' = -\frac{2}{2 \cdot 3}v^2 + \frac{4}{2 \cdot 3 \cdot 4 \cdot 5}v^4 - \frac{6}{2 \cdot \cdots \cdot 7}v^7 + \cdots \mp \frac{mv^m}{1 \cdots (m+1)}$$

Ahora bien siendo $= -3 : v$ el cociente que resulta de la división del primer término, vemos que será

$$R'' = \sin v - \frac{3}{v} \cdot R'.$$

Multiplicando por lo tanto el término general del divisor

$$\mp \frac{mv^m}{1 \cdot \cdots \cdot (m+1)},$$

[23]Fíjese que en el desarrollo en serie del $\sin v$, $(m+1)$ toma los valores $1\,,3\,,5\,\ldots$, con lo que m tomaría los valores $0\,,2\,,4\,\ldots$ Eso hace coincidir la alternancia en los signos que le da Lambert a r' $(\pm)$ con la que realmente tiene $(\mp)$ puesto que quedaría:

$$R' = +0 - \frac{2}{2 \cdot 3}v^2 + \frac{4}{2 \cdot 3 \cdot 4 \cdot 5}v^4 - \frac{6}{2 \cdot \cdots \cdot 7}v^6 + \&c.$$

[24]Vuelve a haber una errata; la expresión debería ser:

$$R' = -\frac{2}{2 \cdot 3}v^2 + \frac{4}{2 \cdot 3 \cdot 4 \cdot 5}v^4 - \frac{6}{2 \cdot \cdots \cdot 7}v^6 + \cdots \mp \frac{mv^m}{1 \cdots (m+1)}$$

por $-3 : v$, & sustrayendo el producto

$$\pm\frac{3mv^{m-1}}{1\cdot\cdots\cdot(m+1)},$$

del término general del dividendo

$$\pm\frac{1}{1\cdot\cdots\cdot(m-1)}v^{m-1},$$

el término general del segundo término será

$$\begin{aligned} r'' &= \pm\frac{v^{m-1}}{1\cdot\cdots\cdot(m-1)} \mp \frac{3mv^{m-1}}{1\cdot\cdots\cdot(m+1)} \\ &= \pm\frac{(m-2)\cdot m\cdot v^{m-1}}{1\cdot\cdots\cdot(m+1)}. \end{aligned}$$

Sustituyendo entonces por m los números pares,[25] tendremos el segundo residuo

$$R'' = -\frac{2\cdot 4}{2\cdot 3\cdot 4\cdot 5}v^3 + \frac{4\cdot 6}{2\cdots 7}v^5 - \frac{6\cdot 8}{2\cdots 9}v^7 + \&c.$$

nuevamente tal como habíamos supuesto. Así habiendo demostrado la forma de los dos primero residuos, se sigue, en virtud de la primera parte de nuestra demostración, que la forma de todos los residuos siguientes es la misma.

§. 14. Ahora ya no es necesario demostrar separadamente la ley de progresión de los cocientes Q', Q'', Q''' &c. Ya que habiendo demostrado la ley de los residuos, es por la misma demostración que un cociente cualquiera será (§. 10)

$$\pm Q^{n+2} = (2n+3) : v,$$

[25]Fíjese en el desarrollo en serie de R'.

lo que, en virtud de la teoría de las fracciones continuas, proporciona

$$\tan v = \cfrac{1}{1:v - \cfrac{1}{3:v - \cfrac{1}{5:v - \cfrac{1}{7:v - \cfrac{1}{9:v - \cfrac{1}{11:v - 1\ \&c.}}}}}}$$

de donde vemos a su vez, que *siempre que el arco v sea igual a una parte alícuota del radio, todos estos cocientes serán números enteros crecientes en progresión aritmética.*

Y esto es lo que debemos advertir, puesto que en el teorema de *Euclides* citado antes (§. 3) todos los cocientes se suponen que son números enteros. Así hasta aquí el método que prescribe *Euclides*, será aplicable a todos estos casos, en los que el arco v es una parte alícuota del radio. Mas, aún en estos casos, se une otra circunstancia que conviene destacar.[26]

§. 15. El problema que propone *Euclides*, es *encontrar el máximo común divisor de dos números enteros, que no son primos entre sí.* Este problema es resoluble siempre que uno de los residuos R', R'', R''' &c. . . . R^n se vuelva $= 0$, sin que el residuo precedente R^{n-1} sea igual a la unidad, lo que siguiendo, la 1ª Prop. del mismo libro solo ocurre cuando los dos números propuestos son primos entre sí, bien entendido que todos

[26] En resumen, cuando los cocientes sean números enteros, se estará dentro de las condiciones impuestas por el algoritmo de Euclides. En el siguiente punto aplica dicho algoritmo a estos casos: ya que los restos nunca se anulan, esas divisiones que tienen como fin dar con el máximo común divisor nunca terminan. Además como los cocientes son números enteros, aplicando el teorema la tangente será para esos casos un número irracional.

los cocientes Q', Q'', Q''' &c. se suponen que son números enteros. Pero acabamos de ver, que esta última suposición tiene lugar en el caso que aquí se trata, siempre que $\frac{1}{v}$ sea un número entero. Mas, en cuanto a los residuos R', R'', R''' &c. no hay ninguno que se vuelva $= 0$. Todo lo contrario, considerando la ley de progresión de los residuos que acabamos de encontrar, se ve, que no solamente decrecen sin interrupción, sino que decrecen más rápidamente que cualquier progresión geométrica.[27] Aunque esta continúe hasta el infinito, podemos sin embargo aplicarle la proposición de *Euclides.* Ya que, en virtud de esta proposición, *el máximo común divisor de* A, B *es al mismo tiempo el máximo común divisor de todo los residuos* R, R', R'' &c. Ahora bien como estos residuos decrecen de manera que al final se vuelven más pequeños que cualquier cantidad asignable, en consecuencia *el máximo común divisor de* A, B, *es más pequeño que cualquier cantidad asignable*; lo que significa que no lo hay, & que por consiguiente siendo A, B dos cantidades inconmensurables, *la*

$$\tan v = \frac{A}{B}$$

será una cantidad irracional todas las veces que el arco v *sea una parte alícuota del radio.*

§. 16. He aquí pues hasta donde se limita el uso que podemos hacer de la proposición de *Euclides.* Se trata ahora de extenderlo a todos los casos en los que el arco v es conmensurable al radio. Para este efecto, & para demostrar aún algunos teoremas,[28] voy a recuperar la fracción

[27]Esta comparación con las progresiones geométricas, que seguirá enfatizando, será uno de sus principales apoyos para concluir la irracionalidad de su fracción continua (más adelante se entrará en detalle sobre esta cuestión, y sobre la problemática en torno a esta comparativa).

[28]Efectivamente el siguiente paso es extender la demostración a todos los valores del arco, pero antes, Lambert dedica las siguientes 9 páginas a demostrar la convergencia de esa fracción continua (§. 17. - §. 30.), algo que a primera vista encajaría mejor en el siglo XIX, una época en la que la preocupación por el rigor fue mucho mayor. No

obstante, es conocido que los fundamentos también preocuparon a los matemáticos dieciochistas. Schubring en [Schubring 2005, p. 285] llama la atención sobre esto de una forma especialmente clara:

> Es un punto de vista extendido el pensar en las matemáticas del siglo XVIII como despreocupadas por los fundamentos y como interesadas únicamente en el desarrollo del análisis [...] por contra, los matemáticos estaban realmente ansiosos por aclarar conceptos básicos.

Temas como los infinitesimales, los números negativos o las series infinitas, fueron ampliamente discutidos y estudiados, y es probable que en este caso Lambert se hubiese visto influido por los acontecimientos. En concreto (ver [Español et al. 2008]), hubo un debate en torno a la sumabilidad de las series divergentes en el que la serie de Leibniz jugó un papel importante. El valor $\frac{1}{2}$ para dicha serie había sido calculado de forma analítica a través del desarrollo:

$$\frac{1}{1+x} = 1 - x + x^2 - x^3 + \cdots$$

para $x = 1$, pero había dudas en cuanto a si se podría obtener la misma serie a través de otras expresiones finitas. Finalmente se encontró que podía ser obtenida a través de la expresión:

$$\frac{1+x}{1+x+x^2} = 1 - t^2 + t^3 - t^5 + t^6 - t^8 + \cdots$$

para $x = 1$, lo que daría el valor $\frac{2}{3}$ perdiéndose así la unicidad:

$$\frac{1}{2} = 1 - 1 + 1 - 1 + 1 - 1 + \cdots = \frac{2}{3}$$

Puede que Lambert —quien mantuvo contacto y correspondencia con algunos de los protagonistas— estuviese al tanto de esto y quisiera evitarse críticas, asegurándose de que su desarrollo infinito —ahora una fracción continua en lugar de una serie— efectivamente provenía de una única expresión finita, a saber, $\frac{\sin v}{\cos v}$. O puede que, más en general, su intención fuese la de darle a su demostración «todo el rigor geométrico» volviendo sobre sus pasos (síntesis) para dejar absolutamente claro que el desarrollo (análisis) era el correcto ([Serfati 1992, pp. 72–75] presenta esta parte por medio de dicha dicotomía; resulta interesante en este aspecto acudir a [Mahoney 2000, pp. 739–740]). En cualquier caso, hay constancia de que Lambert efectivamente tenía conocimiento acerca de estas disputas, y lo que es más interesante, sobre el caso de las fracciones continuas. En una carta enviada a Euler el 12 de Julio de 1762, después de hablarle de diferentes cuestiones escribe [Bopp 1924, p. 28]:

> Por la misma razón no tomé parte alguna en una disputa, que los Académicos residentes en Múnich han considerado apropiado empezar con

continua

$$\tan v = \cfrac{1}{1:v - \cfrac{1}{3:v - \cfrac{1}{5:v - \cfrac{1}{7:v - 1\,\&c.}}}}$$

& haciendo $1 : v = w$, la transformaré en

$$\tan v = \cfrac{1}{w - \cfrac{1}{3w - \cfrac{1}{5w - \cfrac{1}{7w - 1\,\&c.}}}}$$

los P[adres] Jesuitas. En el almanaque académico de este año, donde he dado una idea popular de los movimientos celestes, se encuentra una tabla de longitudes & latitudes de las villas de Baviera, y el cálculo de encontrar aproximadamente su distancia. Como este cálculo exige la extracción de la raíz cuadrada, creí complacer a la mayor parte de los lectores, cambiando esta extracción por dos reglas de tres. La fórmula $\sqrt{a^2+b^2} = a + \cfrac{bb}{2a + \cfrac{bb}{2a + \cfrac{bb}{2a + \&c.}}}$ desvela todo el misterio, que no es nuevo. Sin embargo es justamente sobre lo que reside la disputa, puesto que se demanda la demostración.

Uno esperaría encontrar más referencias a las fracciones continuas en esta correspondencia, puesto que Euler fue uno de los primeros en trabajarlas de manera sistemática, y dado que Lambert reconoce en [Lambert 1766/1770, p. 162] que la motivación para la búsqueda de expresiones en forma de fracción continua provino precisamente de Euler, y más concretamente de su *Analysis infinitorum* en la que aparece, en forma de ejemplo, la expresión en fracción continua de $\frac{e-1}{2}$ [Euler 1744, p. 325 Ejemplo III]. Sin embargo el resto de la correspondencia trata sobre física. Sea como fuere, no deja de ser notable que Lambert dedicase parte de la demostración a un problema de convergencia, algo que no hicieron otros (Euler en [Euler 1744] o Legendre en [Legendre I 1794], como comenta [Baltus 2003, p. 10]).

§. 17. *Pues bien, reteniendo los cocientes* w, $3w$, $5w$ *&c. tanto como deseemos no tendremos más que hacer la reducción, para obtener fracciones que expresarán la tangente de* v *tanto más exactamente cuanto mayor número de cocientes tengamos retenidos.*[29] Es así p.ej. que reteniendo 1, 2, 3, 4 &c. cocientes, se encuentran las fracciones

$$\frac{1}{w}, \quad \frac{3w}{3w^2-1}, \quad \frac{15w^2-1}{15w^3-6w}, \quad \frac{105w^3-10w}{105w^4-45w^2+1},$$

§. 18. Mas, *para hacer todas estas reducciones en orden, & para demostrar al mismo tiempo la ley de progresión que cumplen estas fracciones*, pondremos primero

$$\tan v = \frac{1}{w-a} = \frac{1}{w - \cfrac{1}{3w-a'}} = \frac{1}{w - \cfrac{1}{3w - \cfrac{1}{5w-a''}}} = \text{\&c.}$$

expresando por $a, a', a'', a'''....a^n, a^{n+1}, a^{n+2}....$ &c. las cantidades que resultan de los cocientes que queramos omitir, de manera que para omi-

[29]Demostrar que dicha fracción continua es convergente a $\tan v$, consistirá en, dado un arco v, demostrar que la sucesión de fracciones que se obtiene truncando ese desarrollo infinito (lo que se llama las convergentes: $\frac{p_n}{q_n}$, $n \geq 1$):

$$\frac{1}{w}\ , \quad \frac{1}{w - \cfrac{1}{3w}}\ , \quad \frac{1}{w - \cfrac{1}{3w - \cfrac{1}{5w}}}\ , \quad \ldots$$

converge a $\tan v$. Como ejemplo, Lambert muestra las expresiones de las cuatro primeras. Por otro lado, su estrategia será la de buscar la ley de recurrencia de esas fracciones (§. 18. - §. 22.), y a partir de ella, dar con el término general dependiente únicamente de n para poder calcular el límite (§. 23. - §. 28.).

tirlos no tendremos más que hacer $a, a', a'', ...a^n$ &c. $= 0$.

§. 19. Ahora digo, *que haciendo* $a^{n+1} = 0$, *la fracción que resulta de la reducción de los cocientes que retenemos, tendrá la forma*[30]

$$\tan v = \frac{A - ma^n}{B - pa^n},$$

en la que m, n, A, B *no están afectadas por* a^n. Supongamos primero esta forma como verdadera, & demostremos sin dificultad que reteniendo nuevamente un cociente más, la fracción resultante de la reducción, tendrá la misma forma. Puesto que[31]

$$a^n = \frac{1}{(2n+1)w - a^{n+1}} \text{ }^{1)},$$

[30]Téngase en cuenta que aquí, como quedará claro más adelante, A y B no representan el seno y el coseno, sino que hacen la función de símbolos. Por otro lado, haciendo un abuso de lenguaje, Lambert escribe una igualdad, pero no lo es, ya que el término de la derecha representa la $(n+2)$-ésima convergente. Detallando un poco más la última aclaración: si $a' = 0$ dicha fórmula expresa la 2-ésmia convergente en función de a; si $a'' = 0$ dicha fórmula expresa la 3-ésmia convergente en función de a', en general, si $a^{n+1} = 0$ dicha fórmula expresa la $(n+2)$-ésmia convergente en función de a^n (la primera convergente se obtiene haciendo $a = 0$).

[31]Aquí de nuevo hay un problema con los índices: désele valores a n para ver que los a^n no coinciden con las expresiones que se muestran en la fórmula del apartado §. 18. Para que haya coincidencia, las expresiones aludidas deberían escribirse así:

$$\tan v = \frac{1}{w - a'} = \frac{1}{w - \cfrac{1}{3w - a''}} = \frac{1}{w - \cfrac{1}{3w - \cfrac{1}{5w - a'''}}} = \&c.$$

Solo cambiaría que:

Si $a'' = 0$ dicha fórmula expresa la 2-ésmia convergente en función de a'

Si $a''' = 0$ dicha fórmula expresa la 3-ésmia convergente en función de a''

...

Si $a^{n+1} = 0$ dicha fórmula expresa la (n+1)-ésmia convergente en función de a^n (la primera convergente se obtiene haciendo $a' = 0$)

no tendremos más que sustituir este valor en la forma propuesta, & se convertirá en[32]

$$\tan v = \frac{A(2n+1)w - m - A \cdot a^{n+1}}{B(2n+1)w - m - B \cdot a^{n+1}},$$

Como esta forma es la misma,[33] bastará con mostrar que será verdad para el miembro a', puesto que entonces será verdad para todos los miembros siguientes $a'', a''', a^{IV} \dots$ &c. Ahora bien para el miembro a' se tiene

$$\tan v = \cfrac{1}{w - \cfrac{1}{3w - a'}}$$

lo que haciendo la reducción da

$$\tan v = \frac{3w - a'}{3w^2 - 1 - wa'},$$

la forma tal como la habíamos supuesto.[34]

---

[32]Hay una errata en el denominador. La expresión debería ser:

$$\tan v = \frac{A(2n+1)w - m - A \cdot a^{n+1}}{B(2n+1)w - p - B \cdot a^{n+1}},$$

[33]Nótese que

$$\begin{aligned} \frac{A(2n+1)w - m - A \cdot a^{n+1}}{B(2n+1)w - p - B \cdot a^{n+1}} &= \frac{[A(2n+1)w - m] - A \cdot a^{n+1}}{[B(2n+1)w - p] - B \cdot a^{n+1}} \\ &\equiv \frac{A - m \cdot a^{n+1}}{B - p \cdot a^{n+1}} \end{aligned}$$

Esta expresión sería la correspondiente a $a^{n+2} = 0$.

[34]Puesto que:

$$\frac{3w - a'}{3w^2 - 1 - wa'} = \frac{3w - 1 \cdot a'}{(3w^2 - 1) - w \cdot a'} \equiv \frac{A - m \cdot a'}{B - p \cdot a'}$$

Esta expresión sería la correspondiente a $a'' = 0$.

§. 20. Habiendo entonces encontrado[35]

$$\tan v = \frac{A - ma^n}{B - pa^n}$$

$$\tan v = \frac{A(2n+1)w - m - A \cdot a^{n+1}}{B(2n+1)w - m - B \cdot a^{n+1}},$$

sustituimos nuevamente a^{n+1} por su valor

$$a^{n+1} = \frac{1}{(2n+3)w - a^{n+2}},$$

& tendremos[36]

$$\tan v = \frac{\left[A(2n+1)w - m\right] \cdot (2n+3w) - A - \left[A(2n+1)w - m\right] \cdot a^{n+2}}{\left[B(2n+1)w - p\right] \cdot (2n+3w) - B - \left[B(2n+1)w - p\right] \cdot a^{n+2}}$$

§. 21. Por lo tanto, haciendo en cada uno de estos tres valores de $\tan v$, iguales a cero los miembros a^n, a^{n+1}, a^{n+2}, tendremos la forma general de las fracciones, que se trata de encontrar.[37]

---

[35]La misma errata en el denominador de la segunda expresión. Debería ser:

$$\tan v = \frac{A(2n+1)w - m - A \cdot a^{n+1}}{B(2n+1)w - p - B \cdot a^{n+1}}$$

[36]Vuelve a haber una errata. Debería ser:

$$\tan v = \frac{\left[A(2n+1)w - m\right] \cdot (2n+3)w - A - \left[A(2n+1)w - m\right] \cdot a^{n+2}}{\left[B(2n+1)w - p\right] \cdot (2n+3)w - B - \left[B(2n+1)w - p\right] \cdot a^{n+2}}$$

[37]Y que se corresponderían respectivamente con la $(n+1)$-ésima, $(n+2)$-ésima y $(n+3)$-ésima convergente (con el pequeño cambio aludido anteriormente, esas fracciones estarían representando respectivamente a la n-ésima, $(n+1)$-ésima y $(n+2)$-ésima convergente).

$$\frac{A}{B},$$

$$\frac{A(2n+1)w-m}{B(2n+1)w-p},$$

$$\frac{[A(2n+1)w-m]\cdot(2n+3)w-A}{[B(2n+1)w-p]\cdot(2n+3)w-B}.$$

Estas tres fracciones que resultan de la omisión de a^n, a^{n+1}, a^{n+2}, son consecutivas, & vemos sin esfuerzo *que la tercera se encuentra mediante las dos precedentes, de manera que su numerador & su denominador pueden ser calculados separadamente.* Ya que el numerador de la segunda fracción debe multiplicarse por el cociente correspondiente a a^{n+1}, & del producto sustraerse el numerador de la primera fracción. El resto será el numerador de la tercera fracción. Su denominador se encuentra de la misma manera mediante los denominadores de las dos fracciones precedentes.

§. 22. *Para obtener ahora las fracciones mismas,*[38] no tendremos más que escribir en tres columnas los cocientes, con los numeradores & los denominadores de las dos primeras fracciones (§. 17.) & los numeradores & denominadores siguientes se encontrarán por la sencilla operación que acabamos de indicar. He aquí el patrón[39]

[38]Se refiere a su expresión general no recurrente, dependiente únicamente de la posición n de la fracción en la sucesión. Esto es lo que va a buscar en §. 22. - §. 28.

[39]Lambert usa la palabra *type*.

Cocientes	numeradores	denominadores
	1	w
$5w$	$3w$	$3w^2 - 1$
$7w$	$15w^2 - 1$ . . .	$15w^3 - 6w$
$9w$	$105w^3 - 10w$ . .	$105w^4 - 45w^2 + 1$
$11w$	$945w^4 - 105w^2 + 1$	$945w^5 - 420w^3 + 15w$
&c.	$10395w^5 - 1260w^3 + 21w$	$10395w^6 - 4725w^4 + 210w^2 - 1$
	&c.	&c.

Lo que da las fracciones

$$\frac{1}{w}, \quad \frac{3w}{3w^2-1}, \quad \frac{15w^2-1}{15w^3-6w}, \quad \frac{105w^3-10w}{105w^4-45w^2+1} \quad \&c.$$

cada una de las cuales expresa más exactamente la tangente de v, que las que la preceden.[40]

§. 23. Ahora bien, a pesar de que mediante la regla que acabamos de dar (§. 21.), cada una de estas fracciones puede encontrarse por las dos que la preceden inmediatamente, *convendrá, para evitar aquí nuevamente una especie de inducción, proporcionar & demostrar la expresión general.* Comencemos antes de nada por advertir, que los coeficientes de cada columna vertical siguen una ley muy simple en la que sus factores son en parte números figurados & en parte números impares. Helos aquí descompuestos

[40]Esto es lo que va a probar.

Fracción	Cociente	Denominador
1ª		w
2ª	$5w$	$3 \cdot w^2 - 1 \cdot 1$
3ª	$7w$	$3 \cdot 5 \cdot w^3 - 2 \cdot 3w$
4ª	$9w$	$3 \cdot 5 \cdot 7w^4 - 3 \cdot 3 \cdot 5w^2 + 1 \cdot 1$
5ª	$11w$	$3 \cdot \cdot 9w^5 - 4 \cdot 3 \cdot 5 \cdot 7w^3 + 3 \cdot 5w$
6ª	$13w$	$3 \cdots 11w^6 - 5 \cdot 3 \cdot \cdot 9w^4 + 6 \cdot 5 \cdot 7w^2 - 1 \cdot 1$
7ª	$15w$	$3 \cdots \cdot 13w^7 - 6 \cdot 3 \cdots 11w^5 + 10 \cdot 5 \cdot 7 \cdot 9w^3 - 4 \cdot 7w$
&c.	&c.	&c.

Fracción	Cociente	Numerador
1ª		1
2ª	$5w$	$3w$
3ª	$7w$	$3 \cdot 5w^2 - 1 \cdot 1$
4ª	$9w$	$3 \cdot 5 \cdot 7w^3 - 2 \cdot 5w$
5ª	$11w$	$3 \cdot \cdot 9w^4 - 3 \cdot 5 \cdot 7w^2 + 1 \cdot 1$
6ª	$13w$	$3 \cdots 11w^5 - 4 \cdot 5 \cdot 7 \cdot 9w^3 + 3 \cdot 7w$
7ª	$15w$	$3 \cdots \cdot 13w^7 - 5 \cdot 5 \cdot \cdot 11w^4 + 6 \cdot 7 \cdot 9w^2 - 1 \cdot 1$
&c.	&c.	&c.

§. 24. *Esta observación nos facilita el medio para encontrar la expresión general para cualquiera de estas fracciones.*[41] Consideremos la

[41] Si nos fijamos en las expresiones de los denominadores (similar razonamiento para los numeradores), vemos que:

1. El primer factor de todas ellas es un producto de impares empezando por el 1, seguido de una potencia de w:

   $$1\cdot w,\quad 1\cdot 3\cdot w^2,\quad 1\cdot 3\cdot 5\cdot w^3,\quad 1\cdot 3\cdot 5\cdot 7\cdot w^4,\quad \ldots\quad [1\cdot 3\cdot 5\cdot 7\cdot \cdots \cdot (2k-1)]\cdot w^k$$

   resultando ($k = n$):

   $$[1\cdot 3\cdot 5\cdot 7\cdot \cdots \cdot (2n-1)]\cdot w^n$$

2. En los segundos factores aparecen la sucesión de los números naturales (con término general k, $k \geq 1$), seguida de productos de impares empezando por el 1, y una potencia de w:

   $$2\cdot 1\cdot 3\cdot w,\quad 3\cdot 1\cdot 3\cdot 5\cdot w^2,\quad 4\cdot 1\cdot 3\cdot 5\cdot 7\cdot w^3,\quad \ldots$$

n-ésima de estas fracciones, & tendremos su

---

lo que acaba dando:

$$[(k+1)\cdot 1\cdot 3\cdot 5\cdot 7\cdot\cdots\cdot(2k+1)]\cdot w^k = [2(k+1)\cdot 1\cdot 3\cdot 5\cdot 7\cdot\cdots\cdot(2k+1)]\cdot\frac{w^k}{2}$$

resultando ($k = n-2$):

$$[(2n-2)\cdot 1\cdot 3\cdot 5\cdot 7\cdot\cdots\cdot(2n-3)]\cdot\frac{w^{n-2}}{2}$$

3. En los terceros factores aparece la sucesión (el 1 no cuenta multiplicativamente) $3, 6, 10, \ldots$ (con término general $\frac{(k+2)(k+1)}{2}$, $k \geq 1$), seguida de productos de números impares empezando por 1 (saltando el 3), y una potencia de w:

$$3\cdot 1\cdot 5\cdot w, \quad 6\cdot 1\cdot 5\cdot 7\cdot w^2, \quad 10\cdot 1\cdot 5\cdot 7\cdot 9\cdot w^3, \quad \ldots$$

lo que acaba dando:

$$[(k+2)\cdot(k+1)\cdot 1\cdot 5\cdot 7\cdot 9\cdots(2k+3)]\cdot\frac{w^k}{2} =$$

$$= [(2k+4)\cdot(2k+2)\cdot 1\cdot 3\cdot 5\cdot 7\cdots(2k+3)]\cdot\frac{w^k}{2\cdot 3\cdot 4}$$

resultando ($k = n-4$):

$$[(2n-4)\cdot(2n-6)\cdot 1\cdot 3\cdot 5\cdot\cdots\cdot(2n-5)]\cdot\frac{w^{n-4}}{2\cdot 3\cdot 4}$$

Esto resulta suficiente para postular un término general.

Denominador[42]

$$
\begin{aligned}
&= w^n\,[1\cdot 3\cdot 5\cdot 7\cdots(2n-1)] - \frac{w^{n-2}}{2}\cdot[(2n-2)\cdot 1\cdot 3\cdot 5\cdot 7\cdots(2n-3)]\\
&+ \frac{w^{n-4}}{2\cdot 3\cdot 4}\cdot[(2n-4)\cdot(2n-6)\cdot 1\cdot 3\cdot 5\cdot\cdots\cdot(2n-5)]\\
&- \frac{w^{n-6}}{2\cdot 3\cdot 4\cdot 5\cdot 6}\cdot[(2n-6)\cdot(2n-8)\cdot(2n-10)\cdot 1\cdot 3\cdot 5\cdots(2n-7)]\\
&+ \frac{w^{n-8}}{2\cdot 3\cdot 4\cdot 5\cdot 6\cdot 7\cdot 8}\cdot[(2n-8)\cdot(2n-10)(2n-12)(2n-14)\cdot C_1]\\
&- \ \&c.
\end{aligned}
$$

Numerador[43]

$$
\begin{aligned}
&= w^{n-1}\cdot[1\cdot 3\cdot 5\cdot 7\cdots(2n-1)] - \frac{w^{n-3}}{2\cdot 3}\cdot[(2n-4)\cdot 1\cdot 3\cdot 5\cdot 7\cdots(2n-3)]\\
&+ \frac{w^{n-5}}{2\cdot 3\cdot 4\cdot 5}\cdot[(2n-6)(2n-8)\cdot 1\cdot 3\cdot 5\cdot 7\cdot\cdots\cdots(2n-5)]\\
&- \frac{w^{n-7}}{2\cdot 3\cdot 4\cdot 5\cdot 6\cdot 7}\,[(2n-8)\cdot(2n-10)(2n-12)\cdot 1\cdot 3\cdot 5\cdot 7\cdot\cdots\cdot(2n-7)]\\
&+ \frac{w^{n-9}}{2\cdot 3\cdot 4\cdot 5\cdot 6\cdot 7\cdot 8\cdot 9}\cdot[(2n-10)\cdot(2n-12)\cdot(2n-14)\cdot C_2]\\
&- \ \&c.
\end{aligned}
$$

No se trata por lo tanto más que de demostrar la universalidad.

[42]En algunas ocasiones, y por problemas de espacio, se introducirán factores en las fórmulas que en realidad no aparecen en el artículo original. Véanse como abreviaturas. En cualquier caso, los cambios aparecerán debidamente señalados cuando se hagan. En este caso: $C_1 = 1\cdot 3\cdot 5\cdot 7\cdot\cdots\cdot(2n-9)$.

[43]En este caso: $C_2 = (2n-16)\cdot 1\cdot 3\cdot 5\cdot 7\cdot\cdots\cdot(2n-9)$.

§. 25. Esto es lo que se procurará admitiendo esta forma para la n-ésima fracción, de donde, sustituyendo[44] $(n-1)$, $(n-2)$ en lugar de n, se deduce la de la $(n-1)$-ésima & $(n-2)$-ésima. Luego se procede conforme a la regla §. 21. deduciendo tanto el denominador como el numerador de la n-ésima fracción, de las dos precedentes tal como las acabamos de encontrar por la primera operación. Y con ello debe reproducirse la forma de la n-ésima fracción, tal como la acabamos de proporcionar. Es claro que este proceso lleva a establecer, que si dos fracciones consecutivas tienen esta forma, la que las sigue, también la tendrá, & que por consiguiente, teniendo esta forma las fracciones de la tabla precedente, que son las primeras, se seguirá, que todas las siguientes también la tendrán.

§. 26. Así pues, si queremos atenernos al término general, para abreviar esta demostración, habrá que calcular no obstante separadamente el del numerador & el del denominador, no por otra razón que para simplificar el cálculo. Pues por lo demás ambos se calcularán siguiendo la misma regla (§. 21.). Comencemos por el *denominador*, & tomando el m-ésimo término de su expresión general para la n-ésima fracción, habrá igualmente que coger el m-ésimo término para la $(n-1)$-ésima fracción, pero solo cogeremos el $(m-1)$-ésimo término para la $(n-2)$-ésima fracción.[45] Se ve que es necesario actuar de esta manera con respecto a las

[44]Por si el lenguaje que usa no fuese claro: echando mano de la expresión del denominador n-ésimo, obtiene los denominadores $(n-1)$-ésimo y $(n-2)$-ésimo sustituyendo en dicha expresión la n por $n-1$ y $n-2$. Ahora que ya tiene las tres expresiones, lo que va a ver es que aplicando la regla dada en §. 21. ambos miembros coinciden, es decir:

$$q_n = (2n-1)w \cdot q_{n-1} - q_{n-2}$$

[45]Lo que va a hacer ahora, por lo tanto, es demostrar, término a término, que las expresiones generales cumplen la relación dada en §. 21, es decir:

$$q_n^{(m)} = (2n-1)w \cdot q_{n-1}^{(m)} - q_{n-2}^{(m-1)}$$

dimensiones o exponentes de la letra w.

§. 27, Ahora bien el m-ésimo término de la n-ésima fracción para el denominador es[46]

$$= \frac{w^{n-2m+2} \cdot [(2n-2m+2) \cdot (2n-2m) \cdot (2n-2m-2) \cdots (2n-4m+6)] \cdot C_3}{1 \cdot 2 \cdot 3 \cdot 4 \cdot 5 \cdots (2m-2)}$$

de donde, sustituyendo $(n-1)$ en lugar de n, se encuentra el m-ésimo término de la $(n-1)$-ésima fracción[47]

$$M' = \frac{w^{n-2m+1} \cdot [(2n-2m) \cdot (2n-2m-2) \cdots (2n-4m+4)] \cdot C_4}{1 \cdot 2 \cdot 3 \cdot 4 \cdot 5 \cdots (2m-2)}$$

Sustituyendo $(n-2)$ en lugar de n, & $(m-1)$ en lugar de m, se encuentra el $(m-1)$-ésimo término de la $(n-2)$-ésima fracción

$$M'' = \frac{w^{n-2m+2} \cdot [(2n-2m) \cdot (2n-2m-2) \cdots (2n-4m+6)] \cdot C_4}{1 \cdot 2 \cdot 3 \cdot 4 \cdot 5 \cdots (2m-4)}$$

Ahora bien por la regla §. 21. debe ser

$$M = (2n-1)w \cdot M' - M''$$

lo que hace que podamos liberar estas tres expresiones de todos los

para los denominadores (Lambert usa, por supuesto, otra notación: M, M', M'') y:

$$p_n^{(m)} = (2n-1)w \cdot p_{n-1}^{(m)} - p_{n-2}^{(m-1)}$$

para los numeradores (en este caso usa N, N', N'' para los términos). Prestando un poco de atención a los denominadores (lo mismo con los numeradores) de la tabla del punto §. 22, se ve claro que el número de término que hay que coger en la $(n-2)$-ésima fracción es uno menos que en las dos restantes, algo que está relacionado con la potencia de w como comenta a continuación.

[46]Es un ejercicio sencillo llegar a este término general observando las expresiones de §. 24. A mayores, en este caso: $C_3 = 1 \cdot 3 \cdot 5 \cdots (2n-2m+1)$.

[47]En este caso: $C_4 = 1 \cdot 3 \cdot 5 \cdots (2n-2m-1)$.

factores, que les son comunes, poniéndolos $= P$. Por lo tanto tendremos[48]

$$\begin{aligned} +M &= \frac{P \cdot w \cdot (2n-2m+2) \cdot (2n-2m+1)}{(2m-2) \cdot (2m-3)} \\ +M' &= \frac{P \cdot (2n-4m+4)}{(2m-2) \cdot (2m-3)} \\ -M'' &= P \cdot w. \end{aligned}$$

O haciendo

$$\frac{P}{(2m-2) \cdot (2m-3)} = Q,$$

será[49]

$$\begin{aligned} +M &= Qw \cdot (2n-2m+2) \cdot (2n-2m+1) \\ +M' &= Q \cdot (2n-4m+2) \\ -M'' &= Qw \cdot (2m-2) \cdot (2m-3). \end{aligned}$$

De aquí, multiplicando, tendremos[50]

$$\begin{aligned} (2n-1)wM' &= Qw \cdot (4n^2 - 8mn + 6n + 4m - 4) \\ -M'' &= Qw \cdot (4m^2 - 10m + 6) : \end{aligned}$$

de donde

$$(2n-1)wM' - M'' = Qw(4n^2 - 8nm + 6n + 4m^2 - 6m + 2).$$

[48] Usando la notación del factorial, ese factor común sería:

$$P = \frac{w^{n-2m+1}(2n-2m)(2n-2m-2)\cdots(2n-4m+6)\cdot(2n-2m-1)!}{(2m-4)!}$$

La introducción de P, y en el siguiente paso, de Q, no tiene otro objetivo que el de simplificar los cálculos (lo mismo para el caso del numerador).

[49] Hay una errata en la segunda expresión que debería ser:

$$+M' = Q \cdot (2n - 4m + 4)$$

[50] Los dos puntos de la segunda expresión son tipográficos; nada tienen que ver con la división.

Pero asimismo

$M = Qw{\cdot}(2n{-}2m{+}2)(2n{-}2m{+}1) = Qw(4n^2{-}8nm{+}6n{+}4m^2{-}6m{+}2).$

Por lo tanto siendo estos dos valores iguales, vemos que es

$$M = (2n-1)w \cdot M' - M'',$$

& que por consiguiente la forma, que hemos dado al término general es tal como debe ser.

§. 28. Pasemos ahora al *numerador*. El m-ésimo término del numerador de la n-ésima fracción debe ser

$$+N = \frac{w^{n-2m+1} \cdot [(2n-2m) \cdot (2n-2m-2) \cdots (2n-4m+4)] \cdot C_3}{1 \cdot 2 \cdot 3 \cdot 4 \cdot 5 \cdot \cdots (2m-1)}$$

de donde, sustituyendo $(n-1)$ en lugar de n, tendremos el mismo m-ésimo término para la $(n-1)$-ésima fracción,

$$+N' = \frac{w^{n-2m} \cdot [(2n-2m-2) \cdot (2n-2m-4) \cdots (2n-4m+2)] \cdot C_4}{1 \cdot 2 \cdot 3 \cdot 4 \cdot 5 \cdots (2m-1)}$$

Y sustituyendo $(n-2)$, $(m-1)$, en lugar de n, m, tendremos el $(m-1)$-ésimo término de la $(n-2)$-ésima fracción,

$$-N'' = \frac{w^{n-2m+1} \cdot [(2n-2m-2) \cdot (2n-2m-4) \cdots (2n-4m+4)] \cdot C_4}{1 \cdot 2 \cdot 3 \cdot 4 \cdot 5 \cdots (2m-3)}$$

Por lo tanto, poniendo los factores comunes a estas tres expresiones $= P$, tendremos[51]

$$+N = \frac{Pw \cdot (2n-2m) \cdot (2n-2m+1)}{(2m-1) \cdot (2m-2)}$$

$$+N' = \frac{P \cdot (2n-4m+2)}{(2m-1) \cdot (2m-2)}$$

$$-N'' = Pw,$$

[51] Ahora P sería:

$$P = \frac{w^{n-2m}(2n-2m-2)(2n-2m-4)\cdots(2n-4m+4) \cdot (2n-2m-1)!}{(2m-3)!}$$

o haciendo $P = Q \cdot (2m-1) \cdot (2m-2)$, será

$$\begin{aligned} +N &= Qw \cdot (2n-2m) \cdot (2n-2m+1) \\ +N' &= Q \cdot (2n-4m+2) \\ -N'' &= Qw \cdot (2m-1) \cdot (2m-2). \end{aligned}$$

Pero deber ser

$$N = (2n-1)w \cdot N' - N'',$$

entonces, sustituyendo los valores encontrados, tendremos

$$\begin{aligned} (2n-1)wN' &= Qw \cdot (4nn - 8nm + 2n + 4m - 2) \\ -N'' &= Qw(4m^2 - 6m + 2), \end{aligned}$$

de donde

$$(2n-1)wN' - N'' = Qw(4n^2 - 8nm + 2n + 4m^2 - 2m).$$

Ahora bien el mismo valor resulta de

$$N = (2n-m) \cdot (2n-2m+1) \cdot Qw.$$

Se sigue entonces de aquí, que la forma del término general es tal como debe ser.

§. 29. Cojamos pues las expresiones generales que hemos dado en §. 24. & dividamos la del denominador por su primer término,[52] &

[52] Establecidos entonces los términos generales para el numerador y el denominador, la estrategia de Lambert es la siguiente:

$$\frac{p_n}{q_n} = \frac{p_n/q_n^{(1)}}{q_n/q_n^{(1)}} \xrightarrow[n\to\infty]{} \tan v$$

ya que (punto §. 29.):

$$\frac{q_n}{q_n^{(1)}} \xrightarrow[n\to\infty]{} \cos v$$

y ya que (punto §. 30.):

$$\frac{p_n}{q_n^{(1)}} \xrightarrow[n\to\infty]{} \sin v$$

tendremos la serie[53]

$$1 - \frac{w^{-2}}{2}\cdot\frac{2n-2}{2n-1} + \frac{w^{-4}}{2\cdot3\cdot4}\cdot\frac{(2n-4)\cdot(2n-6)}{(2n-1)\cdot(2n-3)} - \frac{w^{-6}}{2\cdot3\cdot4\cdot5\cdot6}\cdot C_5$$

$$+ \frac{w^{-8}}{2\cdot3\cdot4\cdot5\cdot6\cdot7\cdot8}\cdot\frac{(2n-8)\cdot(2n-10)\cdot(2n-12)\cdot(2n-14)}{(2n-1)\cdot(2n-3)\cdot(2n-5)(2n-7)} - \&c.$$

lo que, sustituyendo $v = w^{-1}$, & poniendo $n = \infty$, da[54]

$$1 - \frac{v^2}{2} + \frac{v^4}{2\cdot3\cdot4} - \frac{v^6}{2\cdot3\cdot4\cdot5\cdot6} + \&c.$$

que es el coseno de v, & por consiguiente el denominador del que nos hemos servido (§. 5.) para encontrar los cocientes w, $3w$ &c.

§. 30. Dividamos ahora la expresión general del numerador (§. 24.) por el mismo primer término del denominador, & tendremos la serie

$$w^{-1} - \frac{w^{-3}}{2\cdot3}\cdot\frac{2n-4}{2n-1} + \frac{w^{-5}}{2\cdot3\cdot4\cdot5}\cdot\frac{(2n-6)\cdot(2n-8)}{(2n-1)\cdot(2n-3)}$$

$$- \frac{w^{-7}}{2\cdot3\cdot4\cdot5\cdot6\cdot7}\cdot\frac{(2n-8)\cdot(2n-10)\cdot(2n-12)}{(2n-1)\cdot(2n-3)\cdot(2n-5)}$$

$$+ \&c.$$

Lo que ahora da para $n = \infty$, la serie

$$v - \frac{1}{2\cdot3}v^3 + \frac{1}{2\cdot3\cdot4\cdot5}v^5 - \&c.$$

que es $= \sin v$, & por lo tanto el numerador, del que nos hemos servido[55]

[53]En este caso: $C_5 = \frac{(2n-6)\cdot(2n-8)(2n-10}{(2n-1)(2n-3)(2n-5)}$.

[54]Dado que los coeficientes que acompañan multiplicativamente a las sucesivas potencias de w, tienden a 1 cuando $n \to \infty$ (ténganse en cuenta que el concepto de convergencia uniforme aún no había hecho su aparición en esta época —habría que esperar aproximadamente un siglo— así que esta justificación es del todo rigurosa para las cánones de su tiempo).

[55]Aquí se cierra la segunda parte de la demostración, pero antes de entrar en la última parte —la referente a la irracionalidad— y luego de ciertas consideraciones (§. 31.), Lambert va a buscar el desarrollo en serie de la tangente a partir de su expresión en fracción continua (§. 32. - §. 37.).

§. 5.

§. 31. Vemos además de este modo, *que, por muy grande que pueda ser el primer término de las dos fórmulas generales* (§. 24.) *el segundo término, & aún más los siguientes, serán no solamente más pequeños, sino más pequeños que la* $\frac{1}{2}, \frac{1}{2\cdot 3}, \frac{1}{2\cdot 3\cdot 4}$ *&c. parte del primer término.*[56] Mas, sustituyendo n sucesivamente por 1, 2, 3, 4 &c. hasta el infinito, *el primer término*, siendo el producto de los números impares $1\cdot 3\cdot 5\cdot 7$&c. *crecerá más rápidamente que cualquier progresión geométrica creciente;*[57] vemos además *que, aunque se sustraiga el término* 2, 4, 6 *&c., eso no impide que la suma de los términos crezca más rápidamente que cualquier progresión geométrica creciente.*[58] Y hago aquí esta observación, porque haré uso de ella en el resto de esta Memoria. A continuación lo que se presenta en primer lugar.

§. 32. Se trata *de determinar la ley, según la cuál las fracciones*

$$\frac{1}{w}, \quad \frac{3w}{3w^2-1}, \quad \frac{15w^2-1}{15w^3-6w}, \quad \text{\&c.}$$

aproximan el valor de la tangente.[59] Para ello, no tendremos más que sustraer cada una de la que le sigue, & los residuos serán

$$\frac{1}{w\cdot(3w^2-1)}, \quad \frac{1}{(3w^2-1)\cdot(15w^3-6w)}, \quad \text{\&c.}$$

Estos residuos hacen ver cuan mayor es cada una de las fracciones que la que la precede. Pero hagamos ver en general que *todos los numeradores*

---

[56]De la primera y segunda fórmula alternativamente.

[57]Nótese que:

$$\frac{n!}{a^n} \xrightarrow[n\to\infty]{} \infty$$

con $a \neq 0$ (usando Stirling por ejemplo).

[58]Precisamente por lo observado en el primer párrafo de este mismo punto.

[59]La frase termina aquí con un signo de interrogación que se ha decidido omitir para mejor comprensión del texto.

son = 1, & que todos los denominadores son el producto de los de las dos fracciones cuya diferencia viene indicada por estos residuos.

§. 33. Para ello, retomemos las tres fórmulas generales que hemos dado en §. 21. & que son

$$\frac{A}{B},$$

$$\frac{A(2n+1)w-m}{B(2n+1)w-p},$$

$$\frac{[A(2n+1)w-m](2n+3)w-A}{[B(2n+1)w-p](2n+3)w-B}.$$

Ahora, sustrayendo el primero del segundo, el residuo será

$$= \frac{Ap-Bm}{B\cdot[B(2n+1)w-p]}.$$

Pero el numerador de este residuo es el mismo que resulta de la sustracción

$$\frac{A}{B}-\frac{m}{p}=\frac{Ap-Bm}{B\cdot p}.$$

Ahora siendo $\frac{m}{p}$ la fracción que precede a la fracción $\frac{A}{B}$, vemos que el numerador de todos estos residuos es el mismo, & que el denominador es el producto de los de las fracciones, cuya diferencia viene indicada por estos residuos. Por lo tanto, al empezar por una de las fracciones $\frac{m}{p}$ cualquiera, los residuos serán

$$\frac{1}{p\cdot B},\quad \frac{1}{B\,[B(2n+1)w-p]}\quad \&c.$$

§. 34. Observemos ahora, *que siendo todos estos residuos sumados a la primera fracción, que se pone como base, la suma expresará siempre la tangente de v, de manera que en general será*[60]

$$\tan v = \frac{m}{p} + \frac{1}{p \cdot B} + \frac{1}{B \cdot [B(2n+1)w - p]} + \&c.$$

& por consiguiente

$$\begin{aligned}
\tan v &= \frac{1}{w} + \frac{1}{w(3w^2-1)} + \frac{1}{(3w^2-1)\cdot(15w^3-6w)} + \&c. \\
\tan v &= \frac{3w}{3w^2-1} + \frac{1}{(3w^2-1)(15w^3-6w)} + \&c. \\
\tan v &= \frac{15w^2-1}{15w^3-6w} + \frac{1}{(15w^3-6w)\cdot(105w^4-45w^2+1)} + \&c. \\
\&c.
\end{aligned}$$

Vemos por lo tanto por lo que hemos dicho (§. 31.) *que todas estas series son más convergentes, de lo que lo es cualquier progresión geométrica decreciente*. Sea p.ej. $v = w = 1$, & la tangente de este arco será $= 1,55740772 \cdots$

$$= 1 + \frac{1}{1\cdot 2} + \frac{1}{9\cdot 61} + \frac{1}{61\cdot 540} + \frac{1}{540\cdot 5879} + \frac{1}{5879\cdot 75587} + \frac{1}{75587\cdot 1147426} + \&c.^{1)}$$

[60]En realidad esto responde a un marco más general. Dada una determinada fracción continua:

$$f = \cfrac{1}{a_1 + \cfrac{1}{a_2 + \cfrac{1}{a_3 + \cfrac{1}{a_4 + \ddots}}}}$$

esta se puede ver como:

$$f = \frac{p_1}{q_1} + \left(\frac{p_2}{q_2} - \frac{p_1}{q_1}\right) + \left(\frac{p_3}{q_3} - \frac{p_2}{q_2}\right) + \cdots$$

Y para todo arco $v < 1$, tendremos una serie incluso más convergente.

§. 35. Hagamos ahora $w = \omega : \varphi$, $v = \varphi : \omega$, de manera que φ, ω sean números enteros cualesquiera, primos entre sí. *No tendremos más que sustituir estos valores, & será*

$$\tan\left(\frac{\varphi}{\omega}\right) = \cfrac{\varphi}{\omega - \cfrac{\varphi\varphi}{3\omega - \cfrac{\varphi\varphi}{5\omega - \cfrac{\varphi\varphi}{7\omega - \cfrac{\varphi\varphi}{9\omega - \ \&c.}}}}}$$

§. 36. Luego *las fracciones que aproximan*[61] *el valor de la* $\tan\frac{\varphi}{\omega}$ *serán*

$$\frac{\varphi}{\omega},\quad \frac{3\omega\varphi}{3\omega^2-\varphi^2},\quad \frac{15\omega^2\varphi-\varphi^3}{15\omega^3-6\varphi^2\omega},\quad \frac{105\omega^3\varphi-10\omega\varphi^3}{105\omega^4-45\omega^2\varphi^2+\varphi^4},\quad \&c.$$

de manera que siendo dos de estas fracciones consecutivas cualesquiera

$$\frac{m}{p},$$

$$\frac{A}{B},$$

[61]Lambert utiliza el adjetivo «approchantes». Al hacer referencia a las fracciones convergentes de una fracción continua, se podría haber optado por usar el plural del término, hoy común, «convergente», pero se ha decidido no hacerlo por considerar que apelaba a un concepto, el de convergencia, aún no plenamente desarrollado en la época. Bien es cierto que Lambert sabe que esas fracciones «convergen» a la tangente —y téngase esto en cuenta— pero usar dicho término podría sonar anacrónico. Por otro lado, el término «aproximante» (traducción literal), en español tiene un significado concreto alejado del significado de convergencia (según la RAE: «Dicho de una consonante: Que se articula de forma similar a las fricativas, pero con una abertura más amplia de los órganos fonatorios y sin ruido de fricción»). De ahí que se haya traducido como «que aproximan».

la que le sucede será

$$\frac{A(2n+1)\omega - m\varphi^2}{B(2n+1)\omega - p\varphi^2}.$$

§. 37. Finalmente *las diferencias de estas fracciones serán*

$$\frac{\varphi^3}{\omega(3\omega^2-\varphi^2)}, \quad \frac{\varphi^5}{(3\omega^2-\varphi^2)\cdot(15\omega^3-6\omega\varphi^2)}, \quad \&c.$$

& la

$$\tan\frac{\varphi}{\omega} = \frac{\varphi}{\omega} + \frac{\varphi^3}{\omega(3\omega^2-\varphi^2)} + \frac{\varphi^5}{(3\omega^2-\varphi^2)\cdot(15\omega^3-6\omega\varphi^2)} + \quad \&c.$$

Ahora yo digo que esta tangente no será jamás conmensurable al radio, cualesquiera que sean los números enteros ω, φ.

§. 38. Para demostrar este teorema,[62] pongamos

$$\tan\frac{\varphi}{\omega} = \frac{M}{P},$$

de manera que M, P, sean cantidades expresadas de cualquier forma, incluso, si queremos por sucesiones decimales, lo que podrá hacerse siempre, aunque M, P, sean números enteros, ya que no tendremos más que multiplicar uno & otro por alguna cantidad irracional.[63] Podemos incluso, si lo deseamos, suponer, $M = \sin\frac{\varphi}{\omega}$, $P = \cos\frac{\varphi}{\omega}$, como hemos hecho

---

[62]Desde este punto hasta §. 51 el texto está dedicado a la prueba de irracionalidad, y para dicha prueba, Lambert utiliza el método de reducción al absurdo partiendo de un $v \in \mathbb{Q}$ y suponiendo que también $\tan v \in \mathbb{Q}$. Apoyado en esta suposición, construye una sucesión de números reales (usando nuestro lenguaje) R', R'', R''', $\ldots$, R^n, $\ldots$, tales que $R^n = D \cdot r^n$ —donde los r^n son números enteros no nulos y donde $D \not\in \mathbb{Q}$ es fijo— y tal que $R^n \xrightarrow[n\to\infty]{} 0$. De esta forma, necesariamente $D = 0$, contradiciendo su irracionalidad.

[63]El significado de esta frase es que, siendo la tangente el cociente entre el seno y el coseno, independientemente de la naturaleza de ambos —«aunque sean números enteros»— siempre se podrá transformar dicho cociente en una fracción en la que numerador y denominador «sean cantidades expresadas de cualquier forma, incluso,

más arriba (§. 5.). Y es claro que, aunque la tan $\frac{\varphi}{\omega}$ fuese racional, no tendría que pasar siempre lo mismo con el sin $\frac{\varphi}{\omega}$ & el cos $\frac{\varphi}{\omega}$.

§. 39. Ahora bien la fracción

$$\frac{M}{P}$$

expresando exactamente la tangente de $\frac{\varphi}{\omega}$, debe dar todos los cocientes w, $3w$, $5w$ &c. que en el caso presente son

$$+\frac{\omega}{\varphi}, \quad -\frac{3\omega}{\varphi}, \quad +\frac{5\omega}{\varphi}, \quad -\frac{7\omega}{\varphi}, \quad + \quad \&c.$$

§. 40. Luego, si la tan $\frac{\varphi}{\omega}$ es racional es claro, que M será a P como

si queremos por sucesiones decimales», multiplicando ambos por una cantidad irracional. Pero analicemos más de cerca la frase. La palabra que usa Lambert y que aquí se ha traducido como «sucesiones» es «suits», una palabra que puede referirse a algo finito —una sucesión de acontecimientos— o infinito, que es el sentido que él mismo le da cuando trata con las series (= sucesión de sumas). ¿Pero a qué se está refiriendo aquí cuando habla de «sucesiones decimales»? Parece que a algo infinito, porque si se multiplicaran esos enteros por decimales finitos, se obtendrían decimales finitos que así mismo se transformarían de inmediato en fracciones, volviendo al caso de numerador y denominador enteros. Para evitar esto habría que elegir una sucesión infinita (no periódica) de decimales —irracionales—, que es de hecho lo que hace. Esto parece señalar que Lamert pensaba los irracionales (al menos π en este caso) como formados por infinitos decimales en acto. Una prueba más clara la tenemos en la ya citada parte V de [Lambert 1766/1770]. Allí asocia cada convergente de la fracción continua, que son infinitas, a una aproximación decimal de π que llama «números Ludolphianos» (en esta *Mémoire* también hace referencia a ellos justo al comienzo) —no π— lo que muestra una clara conciencia de π como formado por una cantidad infinita actual de decimales, resultado de no truncar en ningún paso la fracción continua, algo en sí mismo notorio, y que es representante del punto de inflexión (1600-1800) entre el considerar los decimales como meros útiles de aproximación en el estudio de ciertas magnitudes (900-1600) con S. Stevin como representante más tardío, a ser el objeto de estudio mismo (1750-1950) [Ferreirós 2015, pp. 146-149].

un número entero μ a un número entero[64] π, de manera que si μ, π, son primos entre sí, será

$$M : \mu = P : \pi = D,$$

& D será el máximo común divisor de M, P. Y como recíprocamente

$$\begin{aligned} M : D &= \mu, \\ P : D &= \pi, \end{aligned}$$

vemos que M, P suponiéndose cantidades irracionales, su máximo común divisor será igualmente una cantidad irracional, más pequeña, cuanto más grandes sean los cocientes[65] μ, π.

§. 41. He aquí por lo tanto *las dos suposiciones de las que habrá*

---

[64]Es claro que Lambert no está usando aquí la letra π como representante de la razón entre la circunferencia y su diámetro, aunque dicho símbolo ya había sido usado antes con este propósito (por primera vez) por William Jones en 1706, si bien es cierto que la popularidad se la da en gran medida Euler al incluirlo en su *Introductio in analysin infinitorum* de 1748 (ver [Cajori 1893, pp. 8–13] para más detalle). No resulta extraño de todos modos, que un autor de la época no utilizara una notación que apenas empezaba a cuajar (hay pensar que la información no fluía como hoy en día, importante detalle que no debemos obviar), aunque no deja de ser curioso que de entre todas las posibles letras hubiera escogido precisamente esa. No obstante, Lambert en [Lambert 1766/1770] reserva el símbolo π para la razón entre la circunferencia y el diámetro (por ejemplo en p. 147).

[65]En resumen, lo que tenemos es que pudiendo expresar la tangente como

$$\tan v = \frac{\sin v}{\cos v} = \frac{M}{P}$$

con $M \not\in \mathbb{Q}$ y $P \not\in \mathbb{Q}$, y suponiendo además que $\tan v \in \mathbb{Q}$, existirán dos números enteros μ y π tales que

$$\tan v = \frac{M}{P} = \frac{\mu}{\pi}$$

y por lo tanto un $D \not\in \mathbb{Q}$ tal que $\mu \cdot D = M$ y $\pi \cdot D = P$, con lo que:

$$\frac{M}{D} = \mu \in \mathbb{Z} \qquad \text{y} \qquad \frac{P}{D} = \pi \in \mathbb{Z} \tag{5.1}$$

que mostrar la incompatibilidad. Dividamos primero[66] P por M, & el cociente debe ser $= \omega : \varphi$. Pero como $\omega : \varphi$ es un número fraccionario, dividamos φP por M, & el cociente ω será φ-tupla de $\omega : \varphi$. Es claro que podremos dividirlo por φ, cuando se quiera. Aquí no será necesario, puesto que es suficiente que sea un número entero. Habiendo por lo tanto obtenido el cociente ω dividiendo φP por M, sea el residuo $= R'$. Este residuo será igualmente φ-tupla de lo que habría sido, & que tendremos en cuenta. Ahora, como $P : D = \pi$, es un número entero, $\varphi P : D = \varphi\pi$ también será un número entero. Finalmente $R' : D$ será también un número entero. Ya que, puesto que

$$\varphi P = \omega M + R',$$

será

$$\frac{\varphi P}{D} = \frac{\omega M}{D} + \frac{R'}{D}.$$

Pero

$$\begin{aligned} \varphi P : D &= \varphi\pi, \\ \omega M : D &= \omega\mu, \end{aligned}$$

por lo que

$$\varphi\pi = \omega\mu + \frac{R'}{D},$$

lo que da

$$\frac{R'}{D} = \varphi\pi - \omega\mu = \text{número entero},$$

que pondremos $= r'$, de manera que

$$\frac{R'}{D} = r'.$$

[66]Aquí es donde Lambert empieza, paso a paso (§. 41 y §. 42), la construcción de la sucesión a la que se aludía antes, lo que finalizará con una propuesta de término general (§. 43) y su demostración (§. 44.). Como los pasos que sigue no aparecen del todo claros en el texto, se seguirán paralelamente en las notas.

Por lo tanto el residuo de la primera división tendrá de nuevo a D como divisor, que es el máximo común divisor de[67] M, P.

§. 42. Pasemos ahora a la segunda división. El residuo R' siendo φ-tupla de lo que sería si hubiéramos dividido P, en lugar de φP, por M, habrá que tenerlo en cuenta en esta segunda división, dividiendo φM, en lugar de M, por R', a fin de encontrar el segundo cociente, que es $= 3\omega : \varphi$. Pero, para evitar de nuevo aquí el cociente fraccionario, dividamos $\varphi^2 M$ por R', para obtener el cociente 3ω, número entero. Sea el residuo $= R''$, & será

$$\varphi^2 M = 3\omega R' + R'',$$

[67]Paso 1:

Si $\tan \frac{\varphi}{\omega} = \frac{M}{P}$,

$$\tan \frac{\varphi}{\omega} = \frac{M}{P} = \frac{1}{\frac{P}{M}} = \frac{1}{\frac{\omega}{\varphi} + \frac{{}^1R}{M}}$$

donde ${}^1R$ es el residuo de la primera división (ese que dice Lambert que hay que tener en cuenta. Por otro lado, la razón por la cual en la anterior expresión —así como en las que vendrán en los siguientes pasos— aparece un $+$ donde debería haber un $-$, es que el signo está contenido en ${}^1R$, y por consiguiente en el R' que aparecerá más abajo. Al final de este proceso se verá cómo se tiene en cuenta este signo). Ahora multiplicando por φ en el lugar adecuado:

$$\frac{1}{\varphi \cdot \frac{P}{M}} = \frac{1}{\omega + \frac{{}^1R \cdot \varphi}{M}} = \frac{1}{\omega + \frac{R'}{M}}$$

se obtiene que $\varphi P = \omega M + R'$, y por lo tanto:

$$\begin{cases} R' = \varphi P - \omega M \\ \\ \frac{R'}{D} = r' \in \mathbb{Z} \end{cases}$$

La segunda igualdad (el carácter entero de $\frac{R'}{D}$), se obtiene directamente de dividir la primera igualdad entre D y de tener en cuenta (5.1).

por lo que dividiendo entre D,

$$\frac{\varphi^2 M}{D} = \frac{3\omega R'}{D} + \frac{R''}{D}.$$

Pero

$$\begin{aligned}\frac{\varphi^2 M}{D} &= \varphi^2 m = \text{número entero},\\ \frac{3\omega R'}{D} &= 3\omega r' = \text{número entero},\end{aligned}$$

por lo que

$$\varphi^2 m = 3\omega r' + \frac{R''}{D},$$

lo que da

$$\frac{R''}{D} = \varphi^2 m - 3\omega r' = \text{número entero},$$

que pondremos $= r''$, de manera que sea

$$\frac{R''}{D} = r''.$$

Por lo tanto el máximo común divisor de M, P, R', lo es de nuevo del segundo residuo[68] R''.

§. 43. Sean los siguientes residuos $\cdots R'''$, R^{IV} $\cdots\cdots R^n$, R^{n+1}, R^{n+2} . ··, que corresponden a los cocientes φ-tuplas ·· 5ω, 7ω ···· $(2n-1)\omega$, $(2n+$

[68]Paso 2:

Ahora, lo mismo que se ha hecho con $\frac{M}{P}$ se hará con $\frac{R'}{M}$, pero hay que tener en cuenta que este no es el residuo de la fracción continua que define a la tangente, puesto que es el resultado de multiplicar $\frac{{}^1R}{M}$, que sí es el residuo de dicha fracción continua, por φ. Por eso se multiplica el denominador M por φ:

$$\frac{R'}{M\cdot\varphi} = \frac{{}^1R\cdot\varphi}{M\cdot\varphi} = \frac{1}{\frac{M\cdot\varphi}{{}^1R\cdot\varphi}} = \frac{1}{\frac{3\omega}{\varphi} + \frac{{}^2R}{R'}}$$

para volver de nuevo a la fracción continua. Ahora ${}^2R$ es el residuo de la segunda división, y se repite el proceso del paso 1 multiplicando por φ en el lugar adecuado:

$$\frac{1}{\frac{M\varphi^2}{R'}} = \frac{1}{\frac{M\varphi\cdot\varphi}{{}^1R\varphi}} = \frac{1}{3\omega + \frac{{}^2R\cdot\varphi}{R'}} = \frac{1}{3\omega + \frac{R''}{R'}}$$

$1)\omega$, $(2n+3)\omega \cdots$, & se trata de demostrar en general, que si dos residuos consecutivos cualesquiera R^n, R^{n+1}, tienen de nuevo a D por divisor, el residuo siguiente R^{n+2} lo tendrá igualmente, de manera que si, haciendo

$$\begin{aligned} R^n : D &= r^n, \\ R^{n+1} : D &= r^{n+1}, \end{aligned}$$

r^n, r^{n+1} son números enteros, tendremos también [que][69]

$$R^{n+2} : D = r^{n+1},$$

[será] un número entero. He aquí la demostración.

§. 44. Dividiendo $\varphi^2 R^n$ por R^{n+1}, el cociente será[70] $(2n+1)\omega =$ número entero, & siendo el residuo $= R^{n+2}$, será

$$\varphi^2 R^n = (2n+1)\omega \cdot R^{n+1} + R^{n+2},$$

luego dividiendo por D,

$$\frac{\varphi^2 \cdot R^n}{D} = \frac{(2n+1)\omega \cdot R^{n+1}}{D} + \frac{R^{n+2}}{D}$$

Así, $\varphi^2 M = 3\omega R' + R''$ obteniendo de la misma forma dos igualdades:

$$\begin{cases} R'' = \varphi^2 M - 3\omega R' \\ \\ \dfrac{R''}{D} = r'' \in \mathbb{Z} \end{cases}$$

de donde de nuevo la segunda se deduce directamente de la primera sin más que dividir entre D, y teniendo en cuenta que tanto $\frac{M}{D}$ como $\frac{R'}{D}$ son números enteros.

[69]Hay una errata; la expresión debería ser:

$$R^{n+2} : D = r^{n+2},$$

[70]Hay un problema con los índices ya que, si por ejemplo, $n = 1$, se obtendría $\varphi^2 R' = 3\omega \cdot R'' + R'''$ en lugar de la expresión correcta $\varphi^2 R' = 5\omega \cdot R'' + R'''$. El término general para el cociente debería ser por lo tanto $(2n+3)\omega$ (téngase en cuenta a lo largo de este punto y en §. 46).

Pero

$$\begin{aligned}\frac{\varphi^2 R^n}{D} &= \varphi^2 r^n = \text{número entero},\\ \frac{(2n+1)\omega \cdot R^{n+1}}{D} &= (2n+1)\omega r^{n+1} = \text{número entero},\end{aligned}$$

por lo que

$$\varphi^2 r^n = (2n+1)\omega \cdot r^{n+1} + \frac{R^{n+2}}{D},$$

lo que da

$$\frac{R^{n+2}}{D} = \varphi^2 \cdot r^n - (2n+1)\omega \cdot r^{n+1} = \text{número entero} = r^{n+2}.$$

Y esto es lo que había que demostrar.

§. 45. Ahora hemos visto que r', r'' son números enteros (§. 41. 42.) por lo tanto también r''', r^{IV}, $\cdots\cdots r^n$ $\cdots\cdots$ &c. hasta el infinito serán números enteros. Entonces todos los residuos indistintamente R', R'', R''' $\cdots\cdot R^n$ $\cdots$ &c. hasta el infinito tendrán a D como divisor común. Encontremos ahora el valor de estos residuos expresado a través de M, P.

§. 46. Para este efecto cada división nos proporciona una ecuación, en la que

$$\begin{aligned}R' &= \varphi P - \omega M,\\ R'' &= \varphi^2 M - 3\omega \cdot R',\\ R''' &= \varphi^2 R' - 5\omega \cdot R'',\end{aligned}$$

Mas observemos que, en el caso del que se trata, los cocientes ω, 3ω, 5ω &c. son alternativamente positivos & negativos, & que los signos de los residuos se suceden en el orden $--++$. Por lo tanto estas ecuaciones se transforman en[71]

$$\begin{aligned} R' &= \omega M - \varphi P, \\ R'' &= 3\omega R' - \varphi^2 M, \\ R''' &= 5\omega R'' - \varphi^2 R', \\ R^{IV} &= 7\omega R''' - \varphi^2 R'', \\ &\&c. \end{aligned}$$

Y en general

$$R^{n+2} = (2n-1)\omega \cdot R^{n+1} - \varphi^2 R^n.$$

De donde vemos que cada residuo se encuentra, mediante los dos precedentes, de la misma forma que los numeradores & denominadores de las fracciones que aproximan el valor de[72] $\tan \frac{\varphi}{\omega}$. (§. 36.)

§. 47. Haciendo entonces las sustituciones que indican estas ecuacio-

---

[71]Aquí es donde se tienen en cuenta los signos.

[72]Queda construida entonces, una sucesión de números reales $R', R'', R''', \ldots, R^n, \ldots$, definida por:

$$\begin{cases} R' = \omega M - \varphi P \\ R'' = 3\omega R' - \varphi^2 M \\ R^{n+2} = (2n+3)\omega R^{n+1)} - \varphi^2 R^{n)}\ ,\ n \geq 1 \end{cases}$$

y una de números enteros no nulos $r', r'', r''', \ldots, r^n, \ldots$, relacionada con la anterior de la siguiente forma:

$$R^n = D \cdot r^n\ ,\ n \geq 1$$

con $D \not\in \mathbb{Q}$.

El último paso es demostrar que esa sucesión converge a cero (§. 47. - §. 51.).

nes, a fin de expresar todos estos residuos por medio de M, P, tendremos

$$\begin{aligned} R' &= \omega M - \varphi P, \\ R'' &= (3\omega^2 - \varphi^2)M - 3\omega\varphi \cdot P, \\ R''' &= (15\omega^3 - 6\omega\varphi^2)M - (15\omega^2\varphi - \varphi^3)P, \\ &\&\text{c.} \end{aligned}$$

Y siendo estos coeficientes de M, P los numeradores & denominadores de las fracciones encontradas arriba para la $\tan\frac{\varphi}{\omega}$, (§. 36.), vemos también que se cumplirá

$$\begin{aligned} \frac{M}{P} &- \frac{\varphi}{\omega} = \frac{R'}{\omega P}, \\ \frac{M}{P} &- \frac{3\omega\varphi}{3\omega^2 - \varphi^2} = \frac{R''}{(3\omega^2 - \varphi^2) \cdot P}, \\ \frac{M}{P} &- \frac{15\omega^2\varphi - \varphi^3}{15\omega^3 - 6\omega\varphi^2} = \frac{R'''}{(15\omega^3 - 6\omega\varphi^2)P}, \\ &\&\text{c.} \end{aligned}$$

§. 48. Pero[73]

$$\frac{M}{P} = \tan\varphi.$$

[73] Hay una errata. Debería ser:

$$\frac{M}{P} = \tan\frac{\varphi}{\omega}.$$

Entonces[74] (§. 37. 34.)

$$\frac{M}{P} - \frac{\varphi}{\omega} = \frac{\varphi^3}{\omega(3\omega^2-\varphi^2)} + \frac{\varphi^5}{(3\omega^2-\varphi^2)\cdot(15\omega^3-6\omega\varphi^3)} + \&c.$$

$$\frac{M}{P} - \frac{3\omega\varphi}{3\omega^2-\varphi^2} = \frac{\varphi^5}{(3\omega^2-\varphi^2)\cdot(15\omega^3-6\omega\varphi^2)} + \&c.$$

Por lo que

$$\frac{R'}{\omega P} = \frac{\varphi^3}{\omega(3\omega^2-\varphi^2)} + \frac{\varphi^5}{(3\omega^2-\varphi^2)\cdot(15\omega^3-6\omega\varphi^2)} + \&c.$$

$$\frac{R''}{(3\omega^2-\varphi^2)P} = \frac{\varphi^5}{(3\omega^2-\varphi^2)\cdot(15\omega^3-6\omega\varphi^2)} + \&c.$$

$$\frac{R'''}{(15\omega^3-6\omega\varphi^2)P} = \frac{\varphi^7}{(15\omega^3-6\omega\varphi^2)\cdot(105\omega^4-45\omega^2\varphi^2+\varphi^4)} + \&c.$$

De esta manera todos los residuos se encontrarán mediante la serie de las diferencias (§. 37.)

$$\begin{aligned}\tan\frac{\varphi}{\omega} = \frac{\varphi}{\omega} &+ \frac{\varphi^3}{\omega(3\omega^2-\varphi^2)} + \frac{\varphi^5}{(3\omega^2-\varphi^2)(15\omega^3-6\omega\varphi^2)}\\ &+ \frac{\varphi^7}{(15\omega^3-6\omega\varphi^2)(105\omega^4-45\omega^2\varphi^2+\varphi^4)}\\ &+ \&c.\end{aligned}$$

omitiendo los primeros términos 1, 2, 3, 4 &c., & multiplicando la suma de los siguientes por el primer factor del denominador del primer tér-

[74]Hay una errata en la primera expresión. Debería de ser:

$$\frac{M}{P} - \frac{3\omega\varphi}{3\omega^2-\varphi^2} = \frac{\varphi^5}{(3\omega^2-\varphi^2)\cdot(15\omega^3-6\omega\varphi^2)} + \&c.$$

mino que se retiene, & por[75] P.

§. 49. Ahora bien esta sucesión de diferencias es más convergente que cualquier progresión geométrica decreciente (§. 34. 35.). Por lo tanto los residuos R', R'', R''' &c. decrecen de tal manera que al final terminan siendo más pequeños que cualquier cantidad asignable.[76] Y como cada

[75]En resumen, recordando que:

$$\frac{M}{P} = \mathcal{S} = \underbrace{\underbrace{\underbrace{\underbrace{\frac{p_0}{q_0}}_{\mathcal{S}_1} + \left(\frac{p_1}{q_1} - \frac{p_0}{q_0}\right)}_{\mathcal{S}_2} + \left(\frac{p_2}{q_2} - \frac{p_1}{q_1}\right)}_{\mathcal{S}_3} + \left(\frac{p_3}{q_3} - \frac{p_2}{q_2}\right)}_{\mathcal{S}_4} + \cdots$$

donde $\mathcal{S}_n$ es la suma parcial n-ésima de la serie infinita $\mathcal{S}$ convergente a $\frac{M}{P}$ definida a partir de su fracción continua, se tiene que:

$$\frac{M}{P} - \frac{p_n}{q_n} = \mathcal{S} - \mathcal{S}_n$$

y por lo tanto:

$$\frac{R'}{\omega P} = \mathcal{S} - \mathcal{S}_1, \quad \frac{R''}{(3\omega^2 - \varphi^2)P} = \mathcal{S} - \mathcal{S}_2, \quad \frac{R'''}{(15\omega^3 - 6\omega\varphi^2)P} = \mathcal{S} - \mathcal{S}_3 \quad \cdots \quad \frac{R^{n)}}{F_n P} = \mathcal{S} - \mathcal{S}_n \quad \cdots$$

de donde $R^n = (\mathcal{S} - \mathcal{S}_n)P \cdot F_n$, siendo F_n el primer factor del denominador de la convergente n-ésima de $\tan\frac{\varphi}{\omega}$, $n \geq 1$.

[76]Es probable que el que esté leyendo estas líneas se esté haciendo la misma pregunta que se hizo el autor de este trabajo: ¿por qué el que $\mathcal{S} - \mathcal{S}_n \xrightarrow[n\to\infty]{} 0$ con más rapidez que cualquier progresión geométrica decreciente, implica que $R^n \xrightarrow[n\to\infty]{} 0$? En esta igualdad:

$$R^n = (\mathcal{S} - \mathcal{S}_n)P \cdot F_n$$

hay un factor, F_n, nada despreciable ($F_n \xrightarrow[n\to\infty]{} \infty$). ¿Está tan claro que esa convergencia de $\mathcal{S} - \mathcal{S}_n$ a cero sea lo suficientemente rápida como para «llevarse a F_n por delante» y así concluir que $R^n \xrightarrow[n\to\infty]{} 0$? Uno parece verse llevado a intentar probar que $(\mathcal{S} - \mathcal{S}_n)$ (A_n para simplificar la escritura; P no afecta pues es una constante) converge efectivamente más rápido que cualquier progresión geométrica decreciente y que F_n no, es decir, que converge más despacio de lo que lo haría una progresión geométrica creciente, razonamiento que parece estar implícito en su afirmación, pero no nos llevaría a ningún lado. ¿Cuál es la situación entonces? A la luz de posteriores resultados sobre fracciones continuas, Christopher Baltus en [Baltus 2003] analiza el caso (agradezco al profesor Baltus su amable trato, su reflexión sobre el tema, y el haberme facilitado el trabajo con el que pude dar respuesta a mi duda). Grosso modo, lo que hace es estudiar la rapidez con la que convergen las tres sucesiones intervinientes analizando las razones entre términos consecutivos (lo hace término a término pues cada A_n es en sí una serie infinita aunque aquí se expresará en términos globales). La relación entre estas razones es:

$$\frac{R^{n+1}}{R^n} = \frac{A_{n+1}}{A_n} \cdot \frac{F_{n+1}}{F_n}$$

donde, como prueba:

$$\frac{A_{n+1}}{A_n} \xrightarrow[n\to\infty]{} 0 \quad \text{y} \quad \frac{F_{n+1}}{F_n} \xrightarrow[n\to\infty]{} \infty$$

y donde:

$$\frac{R^{n+1}}{R^n} \xrightarrow[n\to\infty]{} 0$$

lo que lleva a que:

$$R^n \xrightarrow[n\to\infty]{} 0$$

Estas últimas cuatro relaciones, lo que nos vienen a decir es que a pesar de que la sucesión F_n converge a infinito (y rápidamente de hecho), la sucesión R^n converge a cero dada la «supremacía» de A_n sobre F_n, tal y como había afirmado Lambert. Ahora bien, volviendo a lo que parece decir Lambert, la afirmación:

> R^n converge a cero porque $A_n \xrightarrow[n\to\infty]{} 0$ más rápido que una progresión geométrica decreciente

es engañosa, dado que $\frac{F_{n+1}}{F_n} \xrightarrow[n\to\infty]{} \infty$, es decir, la sucesión F_n no converge a infinito más despacio de lo que lo haría una progresión geométrica creciente; lo hace más rápido, puesto que dada una tal progresión:

$$a,\, a^2,\, a^3, \ldots, a^n,\, a^{n+1}, \ldots$$

con $|a| > 1\,, a \neq 0$:

$$\frac{a^{n+1}}{a^n} \xrightarrow[n\to\infty]{} a < \infty$$

¿Cómo interpretar por lo tanto sus palabras? Pues una de dos: o se equivocó pero acertó, en una de esas felices uniones entre error y acierto, o simplemente con esas palabras apelaba a una más que suficiente rápida convergencia a cero de A_n, algo que por otro lado no es, al menos siguiendo el camino trazado por Baltus, en absoluto trivial.

uno de estos residuos, teniendo a D como común divisor, es un múltiplo de D, se sigue que este divisor común D es más pequeño que cualquier cantidad asignable, lo que hace que $D = 0$, & lleve a la consecuencia, de que $(M : P)$ es una cantidad inconmensurable a la unidad, o irracional.[77]

§. 50. Por lo tanto *siempre que un arco de círculo* $= \frac{\varphi}{\omega}$ *sea conmensurable al radio* $= 1$, *o racional, la tangente de este arco será una cantidad inconmensurable al radio, o irracional.* Y recíprocamente *ninguna tangente racional lo es de un arco racional.*[78]

[77] Es decir, dado que:

$$\begin{aligned} R^n &= D \cdot r^n \\ R^n &= (\mathcal{S} - \mathcal{S}_n)P \cdot F_n \end{aligned}$$

y que, por lo que afirma Lambert y que se acaba de discutir, $R^n = (\mathcal{S} - \mathcal{S}_n)P \cdot F_n \xrightarrow[n\to\infty]{} 0$, se sigue necesariamente que $D = 0$ puesto que todos los r^n son números enteros no nulos, lo que es una contradicción ya que recordemos que $D \not\in \mathbb{Q}$.

[78] Dos comentarios. El primero es que este resultado ya aparece anunciado en 1719 en la *Mémoire sur la quadrature du cercle, & sur la mesure de tout Arc, tout Secteur, & tout Segment donné* de Thomas Fantet de Lagny, aunque sin demostración [Brezinski 1991, p. 95, 96]. Desconozco si Lambert era conocedor de este hecho aunque me inclinaría por el «no», habida cuenta de que no parece que tuviese problemas a la hora de citar fuentes —lo hace al citar a Foncenex (ver §. 74.) y lo hace al reconocer que Euler fue su motivación hacia las fracciones continuas— y el nombre de Lagny no aparece. Es cierto que Lambert en [Lambert 1766/1770, p. 146] hace referencia a los 127 decimales de la aproximación de π que da Lagny precisamente en este trabajo, pero es posible que solo se estuviese haciendo eco de una dato que, por otro lado, era ampliamente conocido. Lo segundo a comentar es que el inverso del teorema que demuestra Lambert no cierto, es decir:

$$\tan v \not\in \mathbb{Q} \not\Longrightarrow v \in \mathbb{Q}$$

ya que hay arcos irracionales donde la tangente es irracional. De hecho, todo arco de la forma $v = \frac{k\pi}{n} \not\in \mathbb{Q}$ cumple que $\tan v \not\in \mathbb{Q}$ (excepto para los valores obvios de $v = \pm\pi, \pm\frac{\pi}{4}$) [Calcut 2006].

§. 51. Ahora bien siendo la tangente de 45° racional, igual al radio, se sigue que el arco de 45° grados, & por lo tanto el arco de 90°, 180°, 360° grados, es inconmensurable al radio. Por lo tanto *la circunferencia del círculo no es al diámetro como un número entero a un número entero.* He aquí este teorema en forma de corolario de otro teorema infinitamente más universal.[79]

§. 52. Ciertamente, podemos tener motivos para estar sorprendidos por esta absoluta universalidad. Además de que nos hace saber hasta qué punto las cantidades circulares son trascendentes, nos hace ver también, *que las tangentes racionales & los arcos racionales no se distribuyen por toda la circunferencia del círculo, como si estuvieran colocadas al azar, sino que tiene que haber un cierto orden, & que este orden impide que se encuentren jamás.* Este orden merece, sin duda, ser conocido en más detalle. Veamos entonces hasta donde será posible determinar las leyes. Esto es a lo que llevarán los teoremas siguientes.[80]

§. 53. En primer lugar sabemos que, *si dos tangentes son racionales, la tangente de la suma & la de la diferencia de sus arcos son igualmente*

---

[79]En un lenguaje más nuestro: como $\tan\frac{\pi}{4} = 1 \in \mathbb{Q}$, entonces $\frac{\pi}{4} \not\in \mathbb{Q}$ con lo que:

$$\pi \not\in \mathbb{Q}$$

He aquí la primera demostración de la irracionalidad de π.

[80]Lambert empieza a extraer —desde §. 53. a §. 71.— una serie de propiedades para la tangente que acaban justificando la introducción del concepto de *tangente prima* (§. 60.), y que —en base a su definición—, *«Recuerdan de alguna forma a los números primos ...»* (§. 62.). Parece que hace esto para mostrar de alguna forma *«... lo que reduce infinitamente la posibilidad de encontrar un arco racional, cuya tangente sea igualmente racional»* (§. 68.), es decir, para mostrar de una forma heurística quizá, el hecho de que la tangente de un arco racional no pueda ser racional, que es lo que viene de demostrar en la primera parte de este trabajo. Estas mismas propiedades que extrae para la tangente se pueden extender al coseno (§. 70.) pero no así al seno (§. 71.).

racionales. Ya que[81]

$$\operatorname{tang}(\omega + \varphi) = \frac{t\omega + t\varphi}{1 - t\omega \cdot t\varphi},$$

$$\operatorname{tang}(\omega - \varphi) = \frac{t\omega - t\varphi}{1 + t\omega \cdot t\varphi}.$$

§. 54. De ahí se sigue, *que si una tangente es racional, la tangente de un múltiplo cualquiera de su arco*[82] *será igualmente racional.*

§. 55. Pero al contrario, *si una tangente es racional,*[1)][83] *ninguna parte alícuota de su arco tendrá una tangente racional.* Ya que siendo el arco propuesto múltiplo de cada una de sus partes alícuotas, es claro que si la tangente de una de sus partes alícuotas fuese racional, la tangente sería racional (§. 54.).

§. 56. *Si la tangente de cada uno de dos arcos conmensurables entre sí es racional, la tangente del máximo común divisor de estos dos arcos será igualmente racional.* Sean ω, φ los dos arcos propuestos. Pues bien, siendo conmensurables, ω será a φ como un número entero m a un número entero n. Sean estos números m, n, primos entre sí, & la unidad será su máximo común divisor. Haciendo por lo tanto

$$\omega = m\psi,$$

$$\varphi = n\psi,$$

[81]Téngase en cuenta de ahora en adelante, que Lambert escribe **tang** o **t** indistintamente para la tangente.

[82]Está pensando en múltiplos enteros (ver §. 62.).

[83]Es claro, como se extrae fácilmente del razonamiento expuesto por Lambert en las siguientes líneas, que aquí hay un error: debería decir irracional.

& el arco ψ será el máximo común divisor de los arcos ω, φ. Ahora yo digo que la tang ψ será racional. Sea $m > n$, & sustrayendo n de m tantas veces como se pueda, sea el último resto $= r$, todas las[84] $\mathrm{tang}\,(m-n)\psi = t(\omega-\varphi)$, $\mathrm{tang}\,(m-2n\psi) = t(\omega-2\varphi)$, &c. $\mathrm{tang}\,r\psi$, serán racionales (§. 53.). Sustráigase r de n tantas veces como se pueda, sea el último residuo $= r'$. Sustráigase ahora r' de r tantas veces como se pueda, sea el último residuo r'' &c. Y continuando de esta manera, siendo los números m, n primos entre sí, llegarán a un residuo $= 1$ (*Euclid.* Pr. I. Livr. VII.). Pero por el §. 53. todas las tangentes[85]

$$\begin{array}{lllr} t(m-n)\psi, & t(m-2n)\psi & \cdot\quad\cdot\quad\cdot\quad\cdot & tr\psi, \\ t(n-r)\psi, & t(n-2r)\psi & \cdot\quad\cdot\quad\cdot\quad\cdot & tr'\psi, \\ t(r-r')\psi, & t(n-2r')\psi & \cdot\quad\cdot\quad\cdot\quad\cdot & tr''\psi, \\ \quad\&c. & & & \\ \cdot\quad\cdot\quad\cdot & \cdot\quad\cdot\quad\cdot & \cdot\quad\cdot & t\psi, \end{array}$$

serán racionales. Por lo tanto &c.

§. 57. Es claro que de esta forma (§. 53.), dadas dos tangentes racionales cualesquiera, se pueden conocer todas estas tangentes por medio de tang ω, tang φ sin que se conozcan los arcos, ¿encontraremos si sus arcos son conmensurables entre sí? Ahora bien si los arcos no lo son, la tarea no tendrá fin.

§. 58. *Si dos partes alícuotas de un arco cualquiera tienen tangentes racionales, digo que la tangente del máximo común divisor de estas dos*

[84] Aquí hay una errata. Como se puede comprobar fácilmente, debería ser:

$$\mathrm{tang}\,(m-n)\psi = t(\omega-\varphi),\ \mathrm{tang}\,(m-2n\cancel{\psi})\psi = t(\omega-2\varphi),\ \&\text{c.}\ \mathrm{tang}\,r\psi$$

[85] Hay una errata en la segunda columna de la tercera fila. Debería ser: $t(r-2r')\psi$.

partes alícuotas será igualmente racional. Este teorema se sigue inmediatamente del precedente (§. 56.). No hay más que recordar, que dos arcos ω, φ, que son partes alícuotas de un arco A, son conmensurables entre sí.

§. 59. De la misma manera, *si tantas partes alícuotas de un arco A, como queramos, tienen tangentes racionales, la tangente del arco, que es el máximo común divisor de estas partes alícuotas, será igualmente racional.* Tomemos dos de estas partes alícuotas ω, φ, & sea su máximo común divisor $= \psi$, & la tang ψ será racional (§. 56. 58.). Pero siendo ψ parte alícuota de los arcos ω, φ, que son partes alícuotas del arco A, es claro que ψ será parte alícuota del arco A, & que en lugar de los arcos ω, φ, se puede sustituir ψ, comparando ψ con alguna de las otras partes alícuotas del arco A propuesto. Continuaremos encontrando su máximo común divisor, cuya tangente será igualmente racional. &c.

§. 60. Llamamos *tangente prima* a toda tangente racional, que lo sea de un arco, del que ninguna parte alícuota tenga una tangente racional.

§. 61. Tal es por ejemplo la tangente de 45°. Ya que, dado n un número entero cualquiera, toda tang $(45 : n)^{\circ}$ será una de las raíces de la ecuación

$$\begin{aligned} 0 = 1 - nx \quad &- \quad n \cdot \frac{n-1}{2} x^2 + n \cdot \frac{n-1}{2} \cdot \frac{n-2}{3} x^3 + n \cdot \frac{n-1}{2} \cdot \frac{n-2}{3} \cdot \frac{n-3}{4} \cdot x^4 \\ &- \quad n \cdot \frac{n-1}{2} \cdot \frac{n-2}{3} \cdot \frac{n-3}{4} \cdot \frac{n-4}{5} x^5 - \&c. \end{aligned}$$

cuyos coeficientes son los mismos que los de la fórmula binomial de *Newton*, & cuyos signos cambian siguiendo el orden $- - + +$. Mas, para todo número entero n, todos estos coeficientes son números enteros, & toda

$$\text{tang}\left(\frac{45^{\circ}}{n}\right) < 1.$$

Por lo tanto, si una o más de una de las tang $(45^o : n)$ fuese racional, sería una *fracción* racional < 1, & si así fuera, no todos los coeficientes podrían ser números enteros. Pero lo son. Por lo tanto &c.[86]

---

[86]Tomemos como referencia la fórmula de la tangente del ángulo múltiple:

$$\tan na = \frac{\sum_{k=0}^{\frac{n-1}{2}}(-1)^k\binom{n}{2k+1}\tan^{2k+1}a}{\sum_{k=0}^{\frac{n}{2}}(-1)^k\binom{n}{2k}\tan^{2k}a} = \frac{\binom{n}{1}\tan a - \binom{n}{3}\tan^3 a + \binom{n}{5}\tan^5 a - \binom{n}{7}\tan^7 a + \cdots}{1 - \binom{n}{2}\tan^2 a + \binom{n}{4}\tan^4 a - \binom{n}{6}\tan^6 a + \binom{n}{8}\tan^8 a + \cdots}$$

La razón de que aparezcan los números combinatorios del binomio de Newton como dice Lambert, es que esta fórmula se decuce a partir de la fórmula de Moivre:

$$(\cos\alpha + i\sin\alpha)^n = \cos n\alpha + i\sin n\alpha$$

desarrollando el término de la izquierda (usando el binomio de Newton), igualando parte real e imaginaria y dividiendo convenientemente [Maor 2013, pp. 154, 155]. Llamando $a = \frac{45}{n}$ se tiene que $\tan na = 1$, con lo que el numerador y el denominador de la expresión de arriba tienen que ser iguales:

$$\binom{n}{1}\tan a - \binom{n}{3}\tan^3 a + \binom{n}{5}\tan^5 a - \cdots = 1 - \binom{n}{2}\tan^2 a + \binom{n}{4}\tan^4 a - \cdots$$

Pasando todo al primer miembro se obtiene la ecuación que escribe Lambert, sin más que poner $x = \tan a$. En cuanto a por qué Lambert concluye que $\tan(45 : n)$ no puede ser una raíz de esa ecuación al ser todos los coeficientes enteros, es algo que se puede concluir de lo que se llama «teorema de la raíz racional» —en realidad un resultado elemental— que impone restricciones a las raíces racionales de polinomios con coeficientes enteros. Dado un polinomio:

$$a_n x^n + a_{n-1}x^{n-1} + \cdots + a_0$$

donde todos los coeficientes son naturales, si $\frac{p}{q}$ con p y q coprimos es una raíz, entonces p es divisor del término independiente a_0 y q divisor del término principal a_n. Pero en el caso de Lambert $a_0 = a_n = 1$, con lo que dicha fracción debería ser igual a 1, lo cual no es posible ya que nuestra fracción $\frac{p}{q}$ no es otra cosa, por hipotesis, que $\tan(45 : n) < 1$.

§. 62. *Dada una tangente prima cualquiera, solo los múltiplos de su arco tienen tangentes racionales, con exclusión de todos los arcos que le son conmensurables.* Dada $\tang\omega$ prima, & m, n, siendo primos entre sí, supongamos que la $\tang\left(\frac{m}{n}\omega\right)$ pudiera ser racional. Ahora bien siendo el arco $\left(\frac{\omega}{n}\right)$ el máximo común divisor de los arcos ω, & $\left(\frac{m\omega}{n}\right)$, la tangente de $\frac{\omega}{n}$ será racional (§. 56.). Pero siendo $\frac{\omega}{n}$ una parte alícuota de ω, la $\tang\omega$ no sería prima. Yendo esto en contra de la hipótesis, vemos que ninguna $\tang\left(\frac{m}{n}\omega\right)$ podrá ser racional. Por lo tanto solo quedan los múltiplos de ω, cuyas tangentes serán racionales (§. 54.).[87] He aquí la razón, por la que este tipo de tangentes merecen el nombre de primas. Recuerdan de alguna forma a los números primos, por cuanto solo sus múltiplos son números enteros, &c.

§. 63. *Dadas dos tangentes primas, digo que sus arcos son inconmensurables entre sí.* Ya que sean $\tang\omega$, $\tang\varphi$ primas, & supongamos que los arcos ω, φ pudieran ser conmensurables entre sí. Serán por lo tanto como un número entero m a un número entero n. Luego

$$\varphi = \frac{m\omega}{n}.$$

Entonces (§. 62.)[88] $\frac{\omega}{n}$, parte alícuota de ω, tendrá una tangente racional lo mismo que $\frac{\varphi}{m}$ parte alícuota de φ. Por tanto $t\varphi$, $t\omega$, no serán primas.

[87]Es decir: por §. 54. sabíamos que los múltiplos enteros proporcionaban tangentes racionales, y ahora sabemos que —si la tangente es prima— esto no ocurre con submúltiplos (en realidad con múltiplos racionales en general). Esta similitud con los números primos que menciona Lambert, es lo que le lleva a llamarlas tangentes *primas*.

[88]Esta llamada al punto §. 62. hace referencia, no al resultado principal que es el que está en cursiva, sino a la primera parte del razonamiento allí contenida. En concreto, dado que las tangentes de $\frac{m\omega}{n}$ $(=\varphi)$ y ω son racionales por hipótesis, la de $\frac{\omega}{n}$ también por ser el máximo común divisor (§. 56.) (análogo para φ) de ahí el sentido de esta línea.

Yendo esto en contra de la hipótesis, es claro que los arcos ω, φ no podrán ser conmensurables entre sí.

§. 64. *Así todos los arcos de las tangentes primas son inconmensurables entre sí.* Ya que, por el teorema precedente, lo son dos a dos, combinados de una forma cualquiera.

§. 65. *Dada una tangente racional cualquiera, que no sea prima, digo que su arco será un múltiplo del de una tangente prima.* Ya que esta tangente, por muy racional que sea, no siendo prima, no puede ser más que porque hay partes alícuotas de su arco, cuyas tangentes son racionales. Sean estas partes alícuotas $\frac{\omega}{m}, \frac{\omega}{n}, \frac{\omega}{p}, \frac{\omega}{q}$ &c. donde se suponen en número finito. Ahora bien, como las cogemos todas, es preciso que la que es el máximo común divisor de todas las otras también se encuentre entre ellas, mientras que por §. 59. la tangente es igualmente racional. Que sea $\frac{\omega}{r}$, digo que tang $\frac{\omega}{r}$ es prima. Ya que, si ella no fuese prima, las tangentes de algunas de las partes alícuotas de $\left(\frac{\omega}{r}\right)$ serían racionales. Ahora bien siendo estas partes alícuotas de $\left(\frac{\omega}{r}\right)$ igualmente partes alícuotas del arco propuesto ω, es claro que ya estarían incluidas en las partes alícuotas $\frac{\omega}{m}, \frac{\omega}{n}, \frac{\omega}{p} \cdots\cdot \frac{\omega}{r}$, & por consiguiente $\frac{\omega}{r}$ sería igualmente su máximo común divisor. Así $\frac{\omega}{r}$ sería medida de sus partes alícuotas. Siendo esto absurdo, vemos que tang $\frac{\omega}{r}$ es prima. Ahora bien ω es un múltiplo de $\frac{\omega}{r}$. Por lo tanto &c.

§. 67.[89] He aquí por lo tanto *todas las tangentes racionales ordenadas en ciertas clases.* O son ellas mismas primas, o descienden, por así decir, en línea recta de una tangente prima, puesto que solo los múlti-

[89]Hay una errata en la numeración. Debería ser §. 66.

plos de arcos con tangentes primas tienen tangentes racionales (§. 62.). Ahora bien,[90] si no hubiese más que una sola tangente prima, todas las tangentes racionales se derivarían de ella, & todos sus arcos serían conmensurables entre sí. Pero dista mucho, de que haya solo una tangente prima. Ya que debería ser más pequeña que cualquier cantidad asignable. Démosle, para demostrar esto, una magnitud finita $= \tan\varphi$. Es claro que habrá tangentes racionales más pequeñas que $\tan\varphi$. Si estas tangentes son primas, $\tan\varphi$ no será la única que sea prima. Si no son primas, derivarán de una o de varias tangentes primas, por cuanto sus arcos serán múltiplos de los de estas tangentes primas (§. 65.). De esta forma hay más de una, más de 2, 3, 4, &c. tangentes primas. Y siempre que se suponga un número finito, se encontrará de la misma forma que hay más. He aquí otra manera de encontrar un número infinito.[91]

§. 67. Sean dos tangentes primas $t\omega$, $t\varphi$. En primer lugar ellas serán racionales, & sus arcos serán inconmensurables entre sí (§. 64.). Dados

[90]Lo que prueba a continuación es que hay infinitas tangentes primas. Dice Lambert que de haber solo una ($\tan\varphi$) esta sería más pequeña que cualquier cantidad asignable, pues como explicará, siempre hay una tangente prima por debajo –en magnitud— de otra tangente previamente fijada. Esto prueba no solo que no hay una sola —que es con lo que empieza las siguientes líneas— sino que hay **infinitas** (ver siguiente nota).

[91]Esta otra manera es de hecho bastante antigua, al menos tanto como lo son los Elementos de Euclides, donde el autor demuestra usando el mismo razonamiento que «los números primos son más que cualquier cantidad asignada de números primos» [Heath II 1908, p. 412]. Euclides es muy cuidadoso con el lenguaje y evita cualquier referencia al infinito en acto (eludiendo afirmaciones del estilo «hay infinitos números primos»), tabú en el mundo griego, pero aunque el formato que toma en manos de Lambert es el mismo («Y siempre que se suponga un número finito, se encontrará de la misma forma que hay más»), para el suizo supone, ni más ni menos, «... otra manera de encontrar un número infinito». No se puede afirmar con certeza, pero parece indicar no solo la aceptación del infinito en acto en Lambert, sino el hecho de que para él un infinito potencial presupone ya un infinito en acto. Ambas cosas no son baladí si tenemos en cuenta la época. Cantor se cansará de hacer ver esta misma idea (ver [Bermúdez 2009, pp. 432, 448, 450, 462, 469]).

m, n, números cualesquiera primos entre sí, & $(m\omega + n\varphi)$ será un arco inconmensurable tanto a ω como a φ. Mas la tangente será racional (§. 62. 53.).[92] Ahora bien el arco $(m\omega + n\varphi)$ no siendo múltiplo, ni de ω ni de φ, la tang $(m\omega + n\varphi)$ será o ella misma prima, o derivará de una tangente prima, necesariamente diferente de $t\omega$, $t\varphi$. Ahora bien, variando los números m, n, de todas las formas posibles, de manera que siempre sean primos entre sí, se encontrará tantos arcos $(m\omega + n\varphi)$ inconmensurables tanto entre sí como entre los arcos ω, φ, & que por consecuencia no son ni múltiplos los unos de los otros, ni de ω, φ. Por lo tanto sus tangentes, que son todas racionales, derivarán por igual de tangentes primas, diferentes las unas de las otras.

§. 68. He aquí lo que reduce infinitamente la posibilidad de encontrar un arco racional, cuya tangente sea igualmente racional. Ya que siendo los arcos de todas las tangentes primas inconmensurables entre sí, se sigue que, cuando sea posible encontrar una tangente prima, cuyo arco fuese conmensurable al radio, esta será la única, puesto que los arcos de todas las otras tangentes primas serían necesariamente inconmensurables al radio.[93] Mas, por lo que hemos visto más arriba,[94] también esta única es excluida de la posibilidad de tener su arco racional.

§. 69. Siendo la tangente de 45° prima (§. 61.) & encontrándose en las tablas trigonométricas,[95] haré notar además en forma de corolario, que esta es la única tangente prima, & al mismo tiempo la única tangente racional que se encuentra allí. La razón es, que todos los arcos

[92] En realidad el hecho de que sea racional es únicamente debido a que lo son las tangentes de ω y φ, tal como se establece en §. 53. La referencia a §. 62 sobraría.

[93] Puesto que en caso contrario serían conmensurables entre sí, lo que contradice §. 64.

[94] Se refiere a §. 50.

[95] Entiendo que se está refiriendo a sus tablas trigonométricas de [Lambert 1768/1770].

cuyas tangentes se marcan en estas tablas, son conmensurables entre sí, sin que se encuentre allí otro múltiplo de 45°, que no sea el ángulo de 90°, cuya tangente es infinita.

§. 70. Observaré también, que siendo racional el coseno de un ángulo ω cualquiera, el coseno de un múltiplo cualquiera es igualmente racional.[96] Esta circunstancia hace, que el mismo razonamiento que hemos expuesto en relación a las tangentes, pueda, con unos pocos cambios, ser aplicado a los cosenos. Se encontrarán *cosenos primos* como hemos encontrado *tangentes primas*, & los arcos de los cosenos primos serán igualmente inconmensurables entre sí; de manera que, cuando sea posible encontrar un coseno primo cuyo arco sea racional, este sería de nuevo el único que se pudiera encontrar, visto que análogamente los arcos de todos los otros cosenos primos serían irracionales.

§. 71. Esto no es lo mismo para los senos,[97] puesto que siendo un $\sin\omega$ cualquiera racional, no hay en general más senos racionales que $\int 3\omega$, $\int 5\omega$, $\int 7\omega$ &c.; pero los $\sin 2\omega$, $\int 4\omega$, $\int 6\omega$ &c. no lo son siempre, a menos que $\cos\omega$ sea también racional, de manera que si uno quiere encontrar también aquí *senos primos*, habrá que hacerlo de otra forma, a la que lo hemos hecho en relación a las tangentes.

§. 72.[98] Mas, sin detenerme en ello, volveré a la fracción continua,

[96]Se desprende de la fórmula del ángulo múltiple para el coseno. El razonamiento que aplica aquí al coseno, no se puede trasladar —como explica en el siguiente punto (§. 71.)— al seno. Sin entrar en detalles, todo se desprende de las fórmulas del ángulo múltiple, que dicho sea de paso, eran conocidas desde Viète [Boyer 1968, p. 393].

[97]Lambert usa «sin» y «$\int$» indistintamente para representar el seno.

[98]Aquí únicamente se hace alguna observación, a mayores de las establecidas, sobre las convergentes de la fracción continua de $\tan v$. También se obtiene la fracción continua para la $\cot v$.

encontrada más arriba

$$\tan v = \cfrac{1}{\omega - \cfrac{1}{3\omega - \cfrac{1}{5\omega - \cfrac{1}{7\omega - \cfrac{1}{9\omega - 1 \;\&\text{c.}}}}}}$$

Hemos visto que todas las fracciones

$$\frac{1}{\omega}, \quad \frac{3\omega}{3\omega^2 - 1}, \quad \frac{15\omega^2 - 1}{15\omega^3 - 6\omega}, \quad \&\text{c.}$$

que proporciona, no aproximan el valor de la tangente de v, sino por defecto en tanto que son todas más pequeñas que esta tangente. Pero, como debe ser posible encontrar fracciones similares, que, aproximando a la tangente, lo hagan por exceso, me puse a investigarlo. Me limitaré aquí de nuevo a dar la fracción continua, que contiene alternativamente & las unas & las otras. Hela aquí[1)]

$$\tan v = \cfrac{1}{0 + \cfrac{1}{(\omega - 1) + \cfrac{1}{1 + \cfrac{1}{(3\omega - 2) + \cfrac{1}{1 + \cfrac{1}{(5\omega - 2) + \cfrac{1}{1 + \;\&\text{c.}}}}}}}}$$

Esta fracción continúa hasta el infinito, de manera que los cocientes son

$$0, \quad (\omega-1), \quad 1, \quad (3\omega-2), \quad 1, \quad (5\omega-2), \quad 1, \quad (7\omega-2), \quad 1, \quad (9\omega-2)$$

$$\cdot \quad \cdot \quad \cdot \quad \cdot \quad \cdot \quad 1, \quad ((2n+1)\omega - 2), \quad 1 \quad \&\text{c.}$$

Y las fracciones que aproximan el valor de la tang v, son

$$\frac{1}{\omega-1},\quad \frac{1}{\omega},\quad \frac{3\omega-1}{3\omega^2-\omega-1},\quad \frac{3\omega}{3\omega^2-1},\quad \frac{15\omega^2-3\omega-1}{15\omega^3-3\omega^2-6\omega+1},$$

$$\frac{15\omega^2-1}{15\omega^3-6\omega},\quad \&c.$$

La primera, 3me, 5me, 7me &c. son más grandes que tang v, & la 2me, 4me, 6me &c, son más pequeñas, & las mismas que hemos encontrado más arriba (§. 22.). No me detendré en dar la demostración, visto que esta fracción continua puede encontrarse de la misma manera, en la que hemos encontrado aquella de la que nos hemos servido hasta el momento, & que es mucho más simple. Observaré entonces solamente, que siendo el primer cociente aquí = 0, no tendremos, para eliminarlo, más que girar la fracción de manera que exprese la cotangente de v, puesto que

$$\cot v = \frac{1}{\operatorname{tang} v}.$$

Así tendremos

$$\cot v = \cfrac{1}{(\omega-1) + \cfrac{1}{1 + \cfrac{1}{(3\omega-2) + \cfrac{1}{1 + \cfrac{1}{(5\omega-2) + \cfrac{1}{1 + \cfrac{1}{(7\omega-2) + \cfrac{1}{1 + \ \&c.}}}}}}}}$$

§. 73. Comparemos ahora *las cantidades trascendentes circulares con las cantidades logarítmicas* que les son análogas.[99] Sea e el número,

[99]Es a partir de este momento y hasta el punto §. 78. donde Lambert analiza la conexión entre las funciones trigonométricas circulares y las hiperbólicas (aunque

cuyo logaritmo hiperbólico[100] es $= 1$. Y sabemos, que si en las dos series de las que nos hemos servido más arriba (§. 4.)

$$\sin v = v - \frac{1}{2\cdot 3}v^3 + \frac{1}{2\cdot 3\cdot 4\cdot 5}v^5 - \frac{1}{2\cdot 3\cdot 4\cdot 5\cdot 6\cdot 7}v^7 + \&c.$$

$$\cos v = 1 - \frac{1}{2}v^2 + \frac{1}{2\cdot 3\cdot 4}v^4 - \frac{1}{2\cdot 3\cdot 4\cdot 5\cdot 6}v^6 + \&c.$$

todos los signos se toman positivos, se transforman en

$$\frac{e^v - e^{-v}}{2} = v + \frac{1}{2\cdot 3}v^3 + \frac{1}{2\cdot 3\cdot 4\cdot 5}v^5 + \frac{1}{2\cdot 3\cdot 4\cdot 5\cdot 6\cdot 7}v^7 + \&c.$$

$$\frac{e^v + e^{-v}}{2} = 1 + \frac{1}{2}v^2 + \frac{1}{2\cdot 3\cdot 4}v^4 + \frac{1}{2\cdot 3\cdot 4\cdot 5\cdot 6}v^6 + \&c.$$

---

seguirá mostrando dicha conexión en los puntos siguientes), que en realidad adquieren este nombre en el *Opuscula ad res physicas et mathematicas pertinentium* (1757-1762) de Vincenzo de Riccati (Lambert usará estos nombres por primera vez en *Observations trigonometriques* de 1768). Dicha relación según Lambert ha de existir, no solo por la clara similitud entre sus desarrollos en serie que muestra en este mismo punto, sino porque un simple cambio de variable, a saber, $u = v\sqrt{-1}$, nos permite pasar de unas a otras (§. 74.). «Más aquí se trata de ver hasta qué punto esta afinidad puede ser expuesta independientemente de las cantidades imaginarias» (§. 75.), y dicha afinidad resulta ser que de la misma manera que unas (las f.t.circulares) parametrizan la circunferencia, las otras (las f.t. hiperbólicas) parametrizan la hipérbola equilátera (§. 78.), una idea que acredita a «Mr. *de Foncenex*» (§. 74.). En §. 78. se demuestra este hecho (para más detalle remito a [Barnett 2004] que volverá a ser citado en los siguientes puntos). A mayores, usando la similitud entre cierta fracción continua obtenida en este mismo punto §. 73. con la de $\tan v$, concluye aplicando algunas propiedades de las fracciones continuas que no explicita, que «x y e^x no serán jamás dos cantidades racionales al mismo tiempo» (§. 74.), es decir:

$$x \in \mathbb{Q} \Rightarrow e^x \notin \mathbb{Q},$$

generalizando el resultado al que había llegado por primera vez Euler en 1737/1744 ($e \notin \mathbb{Q}$) [Euler 1744]. Lambert comenta esto de nuevo en §. 81.

[100]Con logaritmo hiperbólico se está refiriendo a lo que nosotros llamamos logaritmo natural. Euler lo aclara en el Capítulo 7 de su *Introductio in Analysin Infinitorum*: «Y si ahora se construyen logaritmos sobre tal base [logaritmos en base e], como mediante logaritmos de este tipo se puede cuadrar la hipérbola, se les suele llamar logaritmos naturales o hiperbólicos» [Durán et al. 2000, p. 111].

Ahora bien, tratando estas dos últimas series de la misma manera que hemos tratado las dos primeras (§. 4. & suiv.[101]) la operación no diferirá más que en los signos, que para el caso presente serán todos positivos. Como nos podemos convencer de ello sin dificultad, no entraré en detalles. Será por lo tanto[1)]

$$\frac{e^v - e^{-v}}{e^v + e^{-v}} = \cfrac{1}{1:v + \cfrac{1}{3:v + \cfrac{1}{5:v + \cfrac{1}{7:v + \cfrac{1}{9:v + \cfrac{1}{11:v + \cfrac{1}{13:v \text{ \&c.}}}}}}}}$$

§. 74. Y como

$$\frac{e^v - e^{-v}}{e^v + e^{-v}} = \frac{e^{2v} - 1}{e^{2v} + 1},$$

vemos que haciendo $2v = x$, tendremos

$$\frac{e^x - 1}{e^x + 1} = \cfrac{1}{2:x + \cfrac{1}{6:x + \cfrac{1}{10:x + \cfrac{1}{14:x + \cfrac{1}{18:x + \text{ \&c.}}}}}}$$

[101]Abreviatura de «suivants» (siguientes).

de donde se extrae

$$\frac{e^x+1}{2} = \cfrac{1}{1-\cfrac{1}{2:x+\cfrac{1}{6:x+\cfrac{1}{10:x+\cfrac{1}{14:x+\ \&c.}}}}}$$

o bien[102]

$$\frac{e^x-1}{2} = \cfrac{1}{(2:x)1+\cfrac{1}{6:x+\cfrac{1}{10:x+\cfrac{1}{14:x+\cfrac{1}{18:x+\ \&c.}}}}}$$

Vemos que estas expresiones ofrecen consecuencias similares a las que hemos deducido más arriba de la fórmula

$$\operatorname{tang} v = \cfrac{1}{\omega-\cfrac{1}{3\omega-\cfrac{1}{5\omega-\ \&c.}}}$$

Se encontrará también aquí que v & e^v, igual que x & e^x no serán jamás cantidades racionales al mismo tiempo. Así que no me pararé a

[102]Hay una errata. Debería ser:

$$\frac{e^x-1}{2} = \cfrac{1}{(2:x)-1+\cfrac{1}{6:x+\cfrac{1}{10:x+\cfrac{1}{14:x+\cfrac{1}{18:x+\ \&c.}}}}}$$

reiterar la deducción. Se trata más bien de interpretar las fórmulas que acabamos de exponer. Observo entonces, que deben tener, en relación a la hipérbola equilátera, un significado totalmente análogo al que tiene la fracción

$$\operatorname{tang} v = \cfrac{1}{\omega - \cfrac{1}{3\omega - \&c.}}$$

en relación al círculo. Ya que, además de que sabemos que las expresiones

$$e^u + e^{-u}$$

$$e^u - e^{-u}$$

haciendo $u = v\sqrt{-1}$, dan las cantidades circulares[103]

$$\begin{aligned} e^{v\sqrt{-1}} + e^{-v\sqrt{-1}} &= 2\cos v, \\ e^{v\sqrt{-1}} + e^{-v\sqrt{-1}} &= 2\sin v \cdot \sqrt{-1}. \end{aligned}$$

Mr. *de Foncenex* ha hecho ver también de una manera muy simple & muy directa, cómo esta afinidad se encuentra comparando simultáneamente el círculo & la hipérbola equilátera con un mismo centro & un mismo diámetro. Véase *Miscell. Societ. Taurin.* Tom. I. p. 128. suiv.[104]

§. 75. Pero aquí se trata de ver hasta dónde puede desarrollarse esta afinidad independientemente de las cantidades imaginarias.[105] Sea por lo tanto C el centro, CH el eje, CA el semi-diámetro de la hipérbola

[103] Hay una errata en la segunda fórmula. Debería ser:

$$\begin{aligned} e^{v\sqrt{-1}} + e^{-v\sqrt{-1}} &= 2\cos v \\ e^{v\sqrt{-1}} - e^{-v\sqrt{-1}} &= 2\sin v \cdot \sqrt{-1}. \end{aligned}$$

[104] El artículo en cuestión es *Réflexions sur les quantités imaginaries.*

[105] Empieza aquí la prueba de dicha analogía comentada ya antes. A este respecto es necesario hacer unos comentarios. En primer lugar decir que Lambert incluye en la última página una figura con todos los datos que trata en el texto; la misma se

equilátera AMG & del círculo AND, CF la asíntota, AB perpendicular al eje, & al mismo tiempo la tangente común al círculo & a la hipérbola. Trácense desde el centro C dos rectas CM, Cm, infinitamente próximas la una de la otra, & bájense los puntos de intersección M, m, N, n, sobre el eje de ordenadas MP, mp, NQ, nq. Finalmente sea el radio AC= 1. Hagamos el ángulo MCA= φ, & sea[106]

incluye aquí también al final. En segundo lugar un comentario sobre la notación: cuando escribe, por ejemplo, $\cot\varphi^2$, se está refiriendo en realidad a $(\cot\varphi)^2$. Y en último lugar, algo que comenta más adelante, casi al final del punto §. 77. pero que sería bueno tener en cuenta desde el principio: el argumento de las funciones circulares, el ángulo (circular), está definido a partir de la circunferencia. Ya se mida en grados o radianes (pensemos en radianes), su valor depende de una circunferencia. ¿Cuál sería el análogo en el caso de la hipérbola? La idea es cambiar el argumento de las f.t.c. y hacerlas depender del área definida por el ángulo y la circunferencia (ANCA en el dibujo de Lambert) en vez de por el ángulo (MCA= φ). Si representamos dicho ángulo por v y como se dijo antes pensamos en radianes, el arco de circunferencia que define medirá $v \cdot r = v$ (Lambert piensa en una circunferencia de radio 1) . Siendo este el caso, el área del sector circular determinado por dicho ángulo tendrá un valor de:

$$ANCA = \frac{vr^2}{2} = \frac{v}{2} \quad , \quad \text{de donde} \quad v = 2 \cdot ANCA$$

De esta forma el argumento de las f.t.c es el doble del área del sector circular que determinan como puntos de la circunferencia, y por lo tanto en completa analogía, el argumento de las f.t.h. será el doble del área del sector hiperbólico que determinan como puntos de la hipérbola:

$$u = 2 \cdot AMCA$$

[106]Lambert no detalla ninguno de los cálculos representados en la tabla. Algunos son directos mientras que otros (en [Barnett 2004, p. 22] se puede ver un ejemplo) requieren más elaboración y consciencia por parte del lector moderno, del uso e interpretación de las diferenciales en la época. Por ejemplo, la expresión $\frac{d\xi}{d\eta}$ (ver §. 76.) representa para Lambert un cociente, que es a lo que se corresponde en realidad la definición de diferencial en el cálculo Leibniz, de donde surge dicha expresión como manera de denotar la derivada.

para la hipérbola	para el círculo
la abscisa CP= $\xi \cdot \quad \cdot \quad \cdot$	$\cdots$ CD= x
la ordenada PM= $\eta \cdot \quad \cdot \quad \cdot$	$\cdots$ QN= y,
el segmento AMCA= $u : 2 \cdot \quad \cdot$	$\cdot\cdot$ ANCA= $v : 2$
& será	
$\operatorname{tang}\varphi = \dfrac{\eta}{\xi} \quad \cdot \quad \cdot \quad \cdot$	$\cdot\cdot \operatorname{tang}\varphi = \dfrac{y}{x}$,
$1 + \eta\eta = \xi\xi = \eta\eta \cdot \cot\varphi^2 \quad \cdot$	$\cdot 1 - yy = xx = yy \cdot \cot\varphi^2$,
$\xi\xi - 1 = \eta\eta = \xi\xi \cdot \operatorname{tang}\varphi^2 \quad \cdot$	$\cdot 1 - xx = yy = xx \operatorname{tang}\varphi^2$,
$\mathrm{CM}^2 = \xi^2 + \eta^2 = \xi^2(1 + \operatorname{tang}\varphi^2)$	$\cdot \mathrm{CN}^2 = x^2 + y^2 = x^2(1 + t\varphi^2)$,
$= \dfrac{1 + t\varphi^2}{1 - t\varphi^2}$	$= \dfrac{1 + t\varphi^2}{1 + t\varphi^2} = 1$.
Por lo tanto	
$+du = d\varphi \cdot \left(\dfrac{1 + t\varphi^2}{1 - t\varphi^2}\right) = \dfrac{dt\varphi}{1 - t\varphi^2}$	$\cdot + dv = d\varphi = \dfrac{dt\varphi}{1 + t\varphi^2}$,
$+d\xi = \dfrac{t\varphi \cdot dt\varphi}{(1 - t\varphi^2)^{3:2}} \cdot \quad \cdot \quad \cdot$	$\cdot - dx = \dfrac{t\varphi \cdot dt\varphi}{(1 + t\varphi)^{3:2}}$,
$+d\eta = \dfrac{dt\varphi}{(1 - t\varphi^2)^{3:2}} \cdots$	$\cdot + dy = \dfrac{dt\varphi}{(1 + t\varphi)^{3:2}}$,
$\xi = \dfrac{1}{\sqrt{(1 - t\varphi^2)}} \cdots$	$\cdot\cdot x = \dfrac{1}{\sqrt{1 + t\varphi^2}}$,
$\eta = \dfrac{t\varphi}{\sqrt{(1 - t\varphi^2)}} \cdots$	$\cdot\cdot y = \dfrac{t\varphi}{\sqrt{1 + t\varphi^2}}$,
Por lo tanto	
$+d\xi : du = \eta \cdots\cdot$	$\cdot - dx : dv = y$,
$+d\eta : du = \xi \cdots\cdot$	$\cdot + dy : dv = x$,
$+d\xi = d\eta \cdot \operatorname{tang}\varphi \cdot\cdot$	$\cdot - dx : dy = \operatorname{tang}\varphi$.

§. 76.[107] Como el ángulo φ es el mismo para la hipérbola & para el círculo, se sigue de las dos últimas ecuaciones que

$$\operatorname{tang}\varphi = d\xi : d\eta = -dx : dy = \eta : \xi = y : x.$$

De esta forma los ángulos Mmp, Nnq, son iguales. Lo que da

$$\mathrm{M}m : \mathrm{N}n = d\xi : -dx = d\eta : dy.$$

[107] En este punto se hacen notar algunas similitudes entre el círculo y la hipérbola.

Y los triángulos característicos M$m\mu$, N$n\nu$, son semejantes.[108] Finalmente, como Cnq = Cmp, & Nnq = Mmp, será Cnq+Nnq = Cmp+Mmp = 90°. Trazando entonces la normal mV, será[109] Vmq + Mmq = 90°, por lo que Vmq = Cmq. Así la normal mV prolongada hasta el eje AC, es igual a Cm, justo como en el círculo la normal Cn es igual a Cn.[110] He aquí por lo tanto aquello en que se basa todo lo que hay de real en las comparaciones que hemos hecho entre el círculo & la hipérbola.[111]

§. 77. Seguidamente, si para la hipérbola queremos expresar ξ, η mediante u, se encontrará fácilmente, que empleando las series infinitas su forma debe ser[112]

$$\begin{aligned} \xi &= 1 + Au^2 + Bu^4 + Cu^6 + \&c. \\ \eta &= au + bu^3 + cu^5 + du^7 + \&c. \end{aligned}$$

Ya que, haciendo $u = 0$, se tiene $\xi = 1$, $\eta = 0$. Además, tomando u infinitamente pequeño, ξ aumentará como u^2, & η aumentará como u,

---

[108] La igualdad entre Mmp y Nnq, parece ser, teniendo en cuenta la relación anterior, en base a la semejanza con CMP y CNQ respectivamente, los cuales comparten el ángulo φ.

[109] Hay una errata. Debería ser: «Vmp + Mmp = 90°, por lo que Vmp = Cmp».

[110] Aquí hay un errata. Debería ser: «justo como en el círculo la normal en n es igual a Cn».

[111] Pasa a tratar el quid de la cuestión (§. 77. y §. 79.).

[112] Piénsense $\xi \equiv \xi(u)$ y $\eta \equiv \eta(u)$ como funciones de u. Aunque no lo dice, es probable que se esté apoyando en el desarrollo de Taylor en torno al 0 tanto de $\xi(u)$ como de $\eta(u)$ («... tomando u infinitamente pequeño ...» dice en las siguientes líneas, y explicita que «... haciendo $u = 0$, se tiene $\xi = 1$, $\eta = 0$»). Lo que hace que en la primera aparezcan sólo las potencias pares y en la segunda las impares, es que la primera función es par y la segunda impar (como comenta más adelante) dado que la abscisa no varía si el argumento es negativo (significa esto que el área cae debajo del eje de abscisas) pero la ordenada cambia de signo, es decir:

$$\xi(-u) = \xi(u) \qquad y \qquad \eta(-u) = -\eta(u)$$

puesto que el ángulo en A es recto, & el radio osculador de la hipérbola en A es =AC. Además, tomando u negativo, todos los valores de ξ serán iguales que para los u positivos, de donde se sigue, que la abscisa ξ debe expresarse mediante las dimensiones pares de u. Y tomando u negativo, los valores de η serán los mismos, pero negativos. Por lo tanto η debe expresarse mediante las dimensiones impares de u. No falta por lo tanto más que determinar los coeficientes. Esto es para lo que nos servirán las dos fórmulas encontradas más arriba

$$d\xi : du = \eta,$$

$$d\eta : du = \xi.$$

Tendremos pues, diferenciando la primera serie

$$d\xi : du = 2\mathrm{A}u + 4\mathrm{B}u^3 + 6\mathrm{C}u^5 + \cdots\cdots + \mu \cdot \mathrm{M}u^{\mu-1}$$

que debe ser $= \eta$, entonces

$$d\xi : du = au + bu^3 + cu^5 + \cdots\cdots + m \cdot u^{\mu-1}$$

Por lo tanto, comparando términos

$$\begin{aligned} 2\mathrm{A} &= a, \\ 4\mathrm{B} &= b, \\ 6\mathrm{C} &= c, \\ &\&c. \\ \mu\mathrm{M} &= m. \end{aligned}$$

Pero, diferenciando η, debe también ser $d\eta : du = \xi$, por lo que

$$\begin{aligned} d\eta : du &= a + 3bu^2 + 5cu^5 + \cdots\cdots (\mu - 1) \cdot mu^{\mu-2} \\ &= 1 + \mathrm{A}u^2 + \mathrm{B}u^4 + \cdots\cdots\cdots \mathrm{L} \cdot u^{\mu-2} \end{aligned}$$

Por lo tanto, comparando términos

$$\begin{aligned} q &= 1, \\ 3b &= \mathrm{A}, \\ 5c &= \mathrm{B}, \\ &\&c. \\ (\mu-1)m &= \mathrm{L}. \end{aligned}$$

Mediante estas ecuaciones tendremos

$$\begin{aligned} a &= 1, \\ \mathrm{A} &= \frac{1}{2}a = \frac{1}{2}, \\ b &= \frac{1}{3}\mathrm{A} = \frac{1}{2\cdot 3}, \\ \mathrm{B} &= \frac{1}{4}b = \frac{1}{2\cdot 3\cdot 4}, \\ c &= \frac{1}{5}\mathrm{B} = \frac{1}{2\cdot 3\cdot 4\cdot 5}, \\ \mathrm{C} &= \frac{1}{6}c = \frac{1}{2\cdot 3\cdot 4\cdot 5\cdot 6}, \\ &\&c. \\ m &= \frac{1}{(\mu-1)}\mathrm{L} = \frac{1}{2\cdot 3\cdot 4\cdot\cdots\cdot(\mu-1)}, \\ \mathrm{M} &= \frac{1}{\mu}\cdot m = \frac{1}{2\cdot 3\cdot 4\cdot\cdots\cdot\mu}. \end{aligned}$$

De este modo será

$$\begin{aligned} \xi &= 1 + \frac{1}{2}u^2 + \frac{1}{2\cdot 3\cdot 4}u^4 + \frac{1}{2\cdot 3\cdot 4\cdot 5\cdot 6}u^6 + \&c. \\ \eta &= u + \frac{1}{2\cdot 3}u^3 + \frac{1}{2\cdot 3\cdot 4\cdot 5}u^5 + \frac{1}{2\cdot 3\cdot 4\cdot 5\cdot 6\cdot 7}u^7 + \&c. \end{aligned}$$

He aquí por lo tanto la abscisa ξ, & la ordenada η, expresadas mediante la letra u, que es el doble del área del segmento hiperbólico AMCA. Ahora se sabe que si en lugar de u, tomamos v, que es el doble del segmento circular ANCA, la abscisa x, & la ordenada y, ambas circulares, son[113]

$$x = 1 - \frac{1}{2}v^2 + \frac{1}{2\cdot3\cdot4}v^4 - \frac{1}{2\cdot3\cdot4\cdot5\cdot6}v^6 + \&c.$$

$$y = v - \frac{1}{2\cdot3}v^3 + \frac{1}{2\cdot3\cdot4\cdot5}v^5 - \frac{1}{2\cdot3\cdot4\cdot5\cdot6\cdot7}v^6 + \&c.$$

dos series, que por la forma no difieren de las dos precedentes mas que por el cambio alternativo de los signos.

§. 78. Y como (§. 73.)

$$\frac{e^u + e^{-u}}{2} = 1 + \frac{1}{2}u^2 + \frac{1}{2\cdot3\cdot4}u^4 + \&c.$$

$$\frac{e^u - e^{-u}}{2} = u + \frac{1}{2\cdot3}u^3 + \frac{1}{2\cdot3\cdot4\cdot5}u^5 + \&c.$$

vemos que

$$\xi = \frac{e^u + e^{-u}}{2},$$

$$\eta = \frac{e^u - e^{-u}}{2},$$

& que por consiguiente estas cantidades expresan la abscisa ξ =CP, & la ordenada η =PM de la hipérbola.

[113]Hay una errata en la segunda fórmula. Debería ser:

$$x = 1 - \frac{1}{2}v^2 + \frac{1}{2\cdot3\cdot4}v^4 - \frac{1}{2\cdot3\cdot4\cdot5\cdot6}v^6 + \&c.$$

$$y = v - \frac{1}{2\cdot3}v^3 + \frac{1}{2\cdot3\cdot4\cdot5}v^5 - \frac{1}{2\cdot3\cdot4\cdot5\cdot6\cdot7}v^7 + \&c.$$

§. 79.[114] Y como $\eta : \xi = \text{tang}\,\varphi$, vemos también que

$$\text{tang}\,\varphi = \frac{e^u - e^{-u}}{e^u + e^{-u}},$$

por lo tanto por el §. 81.[115]

$$\text{tang}\,\varphi = \cfrac{1}{1 : u + \cfrac{1}{3 : u + \cfrac{1}{5 : u + \cfrac{1}{7 : u + \cfrac{1}{9 : u + 1 \;\&\text{c.}}}}}}$$

Y como la misma tangente es también

$$\text{tang} v = \text{tang}\,\varphi = \cfrac{1}{1 : v - \cfrac{1}{3 : v - \cfrac{1}{5 : v - \cfrac{1}{7 : v - \cfrac{1}{9 : v - 1 \;\&\text{c.}}}}}}$$

vemos que se encuentra esta tangente por estas dos fracciones continuas, que por la forma no difieren mas que en los signos: no se trata sino de emplear u = 2AMCA, cuando se usa la primera, en lugar de emplear v = 2ANCA, para tener la misma tangente mediante la segunda. He aquí pues la analogía que teníamos que encontrar independientemente de, & sin incorporar las, cantidades imaginarias.

§. 80. Ahora podremos extraer en términos muy claros la consecuencia, que *el área del sector hiperbólico AMCA, así como la del sector*

[114]Un nuevo apunte a esta analogía: $\tanh u = \tan v$.

[115]Resulta extraña esta llamada a un punto posterior, teniendo en cuenta además que es algo que aparece en la última parte de §. 73. (la única diferencia es el argumento de las funciones).

circular ANCA correspondiente, será una cantidad irracional o inconmensurable al cuadrado del radio AC, siempre que el ángulo φ, que es el que forman uno & el otro de los dos sectores con el centro C, tenga una tangente racional, & que recíprocamente esta tangente será irracional siempre que uno de los dos sectores sea una cantidad racional.[116]

§. 81. Hay una consecuencia absolutamente similar a hacer en relación a la fracción continua[117] (§. 74.)

$$\frac{e^u+1}{2} = \cfrac{1}{1 - \cfrac{1}{2:u + \cfrac{1}{6:u + \cfrac{1}{10:u + \cfrac{1}{14:u + \cfrac{1}{18:u + \&c.}}}}}}$$

[116]Nuevos resultados de irracionalidad en base a que $\tanh u = \tan v$. Se concluye por una lado que:

$$\text{Si } \tan\varphi \in \mathbb{Q} \Rightarrow u, v \not\in \mathbb{Q}$$

y por otro lado, una condición suficiente para la irracionalidad de la tangente hiperbólica:

$$\text{Si } u \text{ o } v \in \mathbb{Q} \Rightarrow \tan v = \tanh u \not\in \mathbb{Q}$$

[117]Dicha consecuencia es —como queda escrito al final de este punto— un nuevo resultado de irracionalidad, en este caso para los logaritmos naturales:

$$\text{Si } u \in \mathbb{Q} \Rightarrow \ln u \not\in \mathbb{Q}$$

que se transforma en

$$\frac{e^u+1}{2} = \cfrac{1}{1+\cfrac{1}{-2:u+\cfrac{1}{-6:u+\cfrac{1}{-10:u+\ \&c.}}}}$$

& de donde se extrae para u negativo

$$\frac{e^u+1}{2} = \cfrac{1}{1+\cfrac{1}{2:u+\cfrac{1}{6:u+\cfrac{1}{10:u+\cfrac{1}{14:u+\ \&c.}}}}}$$

Estas fracciones nos hacen conocer *hasta qué punto la irracionalidad del número* $e = 2,718281828459045235360 28\cdots$ *es trascendente, por cuanto ninguna de sus potencias ni ninguna de sus raíces es racional.*[118] Ya que u & e^u no podrán ser al mismo tiempo una cantidad racional. No obstante siendo u el logaritmo hiperbólico de e^u, se sigue, que *todo logaritmo hiperbólico racional lo es de un número irracional*, & que recíprocamente *todo número racional tiene un logaritmo hiperbólico irracional.*

[118]De nuevo como ya hizo al principio del trabajo en el punto §. 2. (y de hecho en más lugares), Lambert vuelve a usar una expresión del estilo «hasta qué punto la irracionalidad de cierta cantidad es trascendente». El caso es que al contrario de los casos citados, aquí da una idea de lo que significa esto: «por cuanto ninguna de sus potencias ni ninguna de sus raíces es racional», lo que en particular significa que $e^n \neq q$, con q racional, es decir, e deja de ser raíz de una amplia variedad de ecuaciones algebraicas. Implícita en esta frase —aplíquese una «prueba por simplicidad» al estilo de la que él mismo usa al principio del artículo— encontramos por lo tanto una conjetura de trascendencia para e.

§. 82. Pero veamos ahora lo que e^u & e^{-u}, significan en la figura. Volvamos para este efecto al §. 78. donde encontramos las dos fórmulas

$$\xi = \frac{e^u + e^{-u}}{2},$$

$$\eta = \frac{e^u - e^{-u}}{2},$$

entonces tomando la suma & la diferencia, será

$$e^u = \xi + \eta,$$

$$e^{-u} = \xi - \eta.$$

Pero las asíntotas CF, CS, formando entre ellas un ángulo recto, que el eje CH corta en dos partes iguales, darán

$$\begin{aligned} \xi &= \mathrm{CP} = \mathrm{PS} = \mathrm{PR}, \\ \eta &= \mathrm{PM}, \end{aligned}$$

con lo que

$$\xi + \eta = \mathrm{SM},$$

$$\xi - \eta = \mathrm{MR},$$

& por tanto

$$e^u = \mathrm{SM},$$

$$e^{-u} = \mathrm{MR},$$

de donde se ve al mismo tiempo que

$$e^u \cdot e^{-u} = \mathrm{SM} \cdot \mathrm{MR} = 1$$

Se ve además, que mientras que

$$e^u = \mathrm{SM},$$

$$e^{-u} = \mathrm{MR},$$

$$\text{AB} = 1,$$

será, tomando logaritmos,

$$u = \log \frac{\text{SM}}{\text{AB}} = \log \frac{\text{AB}}{\text{MR}}.$$

Y como u, e^u, no podrían ser racionales al mismo tiempo, vemos lo mismo en relación al área del sector AMCA$= \frac{1}{2}u$, & las ordenadas SM, MR.

§. 83.[119] Tenemos también (§. 75.) la diferencial

$$du = \frac{d\,\text{tang}\varphi}{1 - t\varphi^2},$$

cuya integral resulta ser[120]

$$2u = \log \frac{1 + t\varphi}{1 - t\varphi} = \log.\text{tang.}(45^\text{o} + \varphi) = \text{l.tang}\,\text{SCM},$$

o bien

$$2u = -\log \frac{1 - t\varphi}{1 + t\varphi} = -\text{l.tang}(45^\text{o} - \varphi) = -\text{l.tang}\,\text{RCM}.$$

Cojamos la primera de estas fórmulas

$$2u = \log \left(\frac{1 + t\varphi}{1 - t\varphi}\right),$$

& nos pondrá en la situación de hallar también en relación a los sectores hiperbólicos lo que hemos visto que era la *tangente prima*, en relación a los sectores circulares. He aquí como.

§. 84. Consideremos en primer lugar que el sector hiperbólico AMCA aumenta con el ángulo φ =MCA, de manera que termina siendo

[119] Lo que va a hacer ahora (§. 83. - §. 87.) es mostrar cómo el concepto de *tangente prima* se aplica igualmente para el caso hiperbólico. El punto §. 87 enuncia todos los teorema derivados pero traducidos al caso hiperbólico, lo cuál muestra una nueva conexión entre las f.t.circulares y las f.t.hiperbólicas.

[120] Lambert usará tanto «log» como «l.» para denotar el logaritmo.

infinito, cuando $\varphi = 45^{\circ}$. Es por lo tanto claro que dado uno de estos sectores, se pueden encontrar otros, que sean múltiplos cualesquiera, & partes cualesquiera, o que lo sobrepasen en una cantidad cualquiera. No obstante a cada uno de estos sectores le corresponde un ángulo MCP, mediante el cual se forma, & siendo la tangente de este ángulo $= \varphi$, y el sector $= \frac{1}{2}u$, acabamos de ver que

$$2u = \log \frac{1 + t\varphi}{1 - t\varphi}.$$

§. 85. Sean ahora $\frac{1}{2}u$, $\frac{1}{2}u'$, $\frac{1}{2}u''$, tales que el tercero sea la suma de los dos primeros. Sean además φ, φ', φ'' los ángulos correspondientes. Y será

$$2u = \log \frac{1 + t\varphi}{1 - t\varphi},$$

$$2u' = \log \frac{1 + t\varphi'}{1 - t\varphi'},$$

$$2u'' = \log \frac{1 + t\varphi''}{1 - t\varphi''}.$$

Como entonces

$$\frac{1}{2}u'' = \frac{1}{2}u' + \frac{1}{2}u,$$

de la misma forma

$$\log \frac{1 + t\varphi''}{1 - t\varphi''} = \log \frac{1 + t\varphi'}{1 - t\varphi'} + \log \frac{1 + t\varphi}{1 - t\varphi},$$

lo que da

$$\frac{1 + t\varphi''}{1 - t\varphi''} = \frac{1 + t\varphi'}{1 - t\varphi'} \cdot \frac{1 + t\varphi}{1 - t\varphi},$$

de donde se sigue

$$t\varphi'' = \frac{t\varphi + t\varphi'}{1 + t\varphi \cdot t\varphi'},$$

& recíprocamente por la diferencia

$$t\varphi' = \frac{t\varphi'' - t\varphi}{1 - t\varphi \cdot t\varphi''}.$$

Estas dos fórmulas no difieren más que en los signos en relación a las que hemos encontrado para los sectores, o los arcos circulares, & nos dejan igualmente concluir, que *si las tangentes que corresponden a dos sectores hiperbólicos, son racionales, las tangentes que corresponden al sector igual a la suma & la diferencia de estos dos sectores serán igualmente racionales.*

§. 86. Esta sola proposición basta para hacer ver que todo lo que hemos dicho más arriba (§. 52 ... 71.) en relación al círculo, se aplicará igualmente a la hipérbola. No tenemos más que servirnos de una manera abreviada de hablar, llamando *tangente de un sector hiperbólico* cualquiera ACMA, la tangente del ángulo ACM, que es =AT, siendo el radio AC= 1. A continuación hay que observar que todos los sectores de los que se trata aquí, deben tener el eje AC como origen común, como lo tienen los sectores MCAM, mCAm. Así por ejemplo el sector mCM no tocando al eje, hay que sustituirlo por otro que sea igual, & que sea contiguo al eje AC, si queremos tener el ángulo φ y la tangente que le corresponde. Es claro que esta observación no es necesaria cuando se trata del círculo, puesto que cualquier diámetro del círculo puede ser considerado como eje.

§. 87. Es por lo tanto en este sentido, que diré que *la hipérbola tiene una infinidad de tangentes primas*, que *los sectores de todas estas tangentes primas son inconmensurables entre sí & a la unidad*, que *siendo prima la tangente de un sector, no tiene más tangentes racionales que las de los múltiplos de ese sector*: Que *toda tangente racional es o ella misma prima, o su sector es un múltiplo de un sector cuya tangente es prima.* &c. Como la demostración de estos teoremas no serán sino una repetición de los que he dado para el círculo, los omitiré tanto más cuanto que no he añadido estos teoremas, sino para hacer ver de nuevo en este punto la analogía que hay entre el círculo & la hipérbola equilátera.

§. 88. Comparemos de nuevo simultáneamente el sector circular ANCA, & el sector hiperbólico AMCA. Mr *Foncenex*, en la Memoria citada más arriba (§. 74.) ha hecho ver, que empleando las cantidades imaginarias, estos dos sectores resultan estar en la razón 1 a $\sqrt{-1}$, que es puramente imaginaria. Ahora bien, ¿cuál será la razón real?[121] Esto es lo que encontraremos expresando uno de estos sectores mediante el otro. Para este efecto emplearemos las dos series[122]

$$v = t\varphi - \frac{1}{3}t\varphi^3 + \frac{1}{5}t\varphi^5 - \frac{1}{7}t\varphi^7 + \&c.$$

$$t\varphi = v - \frac{1}{3}u^3 + \frac{2}{15}u^5 - \frac{17}{315}u^7 + \&c.$$

[121]En [Barnett 2004, p. 24] se puede leer:

> El mismo Foncenex no había ido más allá en explorar esta "afinidad" que concluir que, ya que $\sqrt{x^2 - r^2} = \sqrt{-1}\sqrt{r^2 - x^2}$, "los sectores circulares y los [sectores] hiperbólicos que corresponden a la misma abscisa están siempre en la proporción de 1 a $\sqrt{-1}$". Es este uso del radio imaginario para pasar del círculo a la hipérbola lo que parece que intentó evitar Lambert.

En cualquier caso no es baladí hacer un matiz. Sin duda Lambert vive en una época histórica concreta, y de esa forma debemos entender este tipo de esquivas en el uso de los complejos. Pero como persona individual, con una personalidad y un pensamiento concreto, y de hecho con una mentalidad abierta, Lambert fue una persona «sin ningún miedo a lo imaginario» [Engel et al. 1895, p. 145, 146] a diferencia de sus contemporáneos, como lo corrobora su conjetura sobre la esfera de radio imaginario (ver capítulo sobre su biografía). Una muestra de esa lucha interna, por otro lado recurrente en varios autores desde la primera aparición de los imaginarios, entre el carácter absurdo de lo imaginario —en lo que a su existencia se refiere— y su utilidad, aparece reflejada en carta a Kant: «El signo $\sqrt{-1}$ representa un no-ente que no es pensable, y sin embargo puede muy bien emplearse para encontrar teoremas» (la referencia de F. Engel y la carta a Kant, de José Ferreirós).

[122]Hay una errata. Debería ser:

$$t\varphi = u - \frac{1}{3}u^3 + \frac{2}{15}u^5 - \frac{17}{315}u^7 + \&c.$$

que se encuentran fácilmente mediante las fórmulas diferenciales dadas más arriba (§. 75.). Sustituyendo entonces el valor de la segunda de estas series en la primera, tendremos, luego de reducir,

$$v = u - \frac{2}{3}u^3 + \frac{2}{3}u^5 - \frac{244}{315}u^7 + \&c.$$

& recíprocamente

$$u = v + \frac{2}{3}v^3 + \frac{2}{3}v^5 + \frac{244}{315}v^7 + \&c.$$

Estas dos series no difieren más que en relación a los signos, teniendo los mismos coeficientes & exponentes. Si en la primera de estas series ponemos

$$u = v\sqrt{-1},$$

obtenemos

$$v = \sqrt{-1} \cdot \left(v + \frac{2}{3}v^3 + \frac{2}{3}v^5 + \frac{244}{315}v^7 + \&c.\right) \; 1)$$

lo que significa

$$v = u\sqrt{-1}.$$

Por lo tanto, mediante un sector hiperbólico imaginario, se obtiene un sector circular imaginario, & recíprocamente.

§. 89. Todo lo que acabo de hacer ver sobre las cantidades trascendentes circulares & logarítmicas, parece basarse en sobre principios mucho más universales, pero que no están todavía suficientemente desarrollados. He aquí sin embargo lo que podrá servir para dar alguna idea. No es suficiente haber encontrado que estas cantidades trascendentes son irracionales, es decir inconmensurables a la unidad.[123] Esta propiedad

[123]Lo primero que hay que hacer notar, es que el término «trascendente» aún no tiene aquí el significado moderno, puesto que no sería necesario —desde ese punto de vista moderno— demostrar que una cantidad trascendente es irracional; lo es por definición.

no les es única.[124] Ya que, además de que hay cantidades irracionales que se pueden formar al azar, & que de ese modo apenas son de la competencia del análisis, hay todavía una infinidad de otras que llamamos *algebraicas*:[125] & tales son todas las *cantidades irracionales radicales*, como $\sqrt{2}$, $\sqrt{3}$, $\sqrt[3]{4}$ &c. $\sqrt{\left(2+\sqrt{3}\right)}$ &c. & todas las *raíces irracionales de las ecuaciones algebraicas*, como por ejemplo las de las ecuaciones

$$\begin{aligned} 0 &= xx - 4x + 1, \\ 0 &= x^3 - 5x + 1, \\ &\text{\&c.} \end{aligned}$$

Llamaré a las unas & a las otras *cantidades irracionales radicales*, & he aquí el teorema, que creo que se puede demostrar.[126]

[124] El segundo punto clave es entender bien esta frase. Lo que Lambert está diciendo es que hay ciertas cantidades —las «trascendentes»— que por su especial naturaleza no están suficientemente bien representadas bajo la etiqueta «irracional», lo que le lleva a plantear una distinción entre irracionales. ¿Pero en qué términos?

[125] He aquí los términos:

cantidades «formadas al azar» vs. cantidades algebraicas

Ahora bien, para Lambert —tal y como deja claro en las líneas siguientes— las cantidades algebraicas ya no son aquellas que pueden ser expresadas mediante una combinación finita de operaciones algebraicas, siguiendo la tradición Leibniz y Euleriana —una idea basada, podríamos decir, en un marco teórico clásico que podría ser resumido en dos palabras: «ser expresable»—, sino cantidades que son raíces de ecuaciones algebraicas. Por lo tanto, esas cantidades «formadas al azar», «trascendentes» en el sentido clásico del término —y en base al marco teórico clásico, «no expresables»—, son las cantidades que no son raíces de ecuaciones algebraicas. En consecuencia, el término trascendente adquiere aquí su significado moderno, con lo que la distinción entre irracionales que plantea Lambert es la moderna:

cantidades trascendentes vs. cantidades algebraicas

[126] Dos comentarios. El primero es una llamada a ser cauto ya que a pesar del entusiasmo que se puede sentir al ver cómo Lambert distingue entre algebraicos y trascendentes en el sentido moderno de los términos, todo parece indicar que aunque explícitamente identifica algebraicos con raíces, implícitamente sigue identificando algebraicos con radicales, es decir, con la idea clásica de «expresables». Lo que ocurre

§. 90. Digo entonces *que ninguna cantidad trascendente circular & logarítmica podrá ser expresada a través de cantidad irracional radical alguna, que se relacione con la misma unidad, & en la que no entre ninguna cantidad trascendente.*[127] Este teorema parece deber demostrarse para las cantidades trascendentes dependientes de

$$e^x,$$

donde el exponente es variable, mientras que las cantidades radicales

es que usa como vara de medir para hacer la clasificación la idea «de ser raíz» y no la de «ser expresable» porque es más simple y manejable (esta idea también se expresa en [Serfati 2018, pp. 182, 183], aunque la interpretación que doy en esta nota parece diferir de la que da el autor en esas mismas páginas). La llamada de atención más clara en esta dirección es el cambio de nombre que le da a los algebraicos: «Llamaré a las unas & las otras *cantidades irracionales radicales...*», justo el nombre que les da a las cantidades que son explícitamente radicales. La segunda llamada de atención es histórica, siendo muy probable que Lambert se estuviese moviendo en la (para nosotros) vieja idea de que toda ecuación es resoluble por radicales, sentir general en la época hasta finales del XVIII, y que por lo tanto estuviese identificando «raíz» con «expresable por radicales» ([Sorensen 2010, p. 2] y en concreto [Sorensen 2010, chapter 4: pp. 66, 29–32]. Esto también se comenta en [Ayoub 1980, p. 262] donde se dice que aparentemente nadie sospechaba que, en concreto, la ecuación de grado 5 no pudiese ser resoluble. Más aún, comenta en base a la aprobación (vaga) de la Royal Society y la de Cauchy y la reacción de Lagrange, que la comunidad matemática no estaba preparada para aceptar dicho resultado, de ahí la no aceptación general del trabajo de Ruffini [Ayoub 1980, pp. 271, 272]). El segundo comentario es que independientemente de esto, ese teorema «que creo que se puede demostrar» es una conjetura clara de trascendencia en el sentido moderno del término.

[127]En base a lo dicho en las notas precedentes, esto es una conjetura de trascendencia para el tipo de cantidades que él llama «circulares» y «logarítmicas», entre las que se encuentran e y π. Por si hiciese falta más aclaración, Lambert en una carta a Holland le dice que:

> La forma en la que he demostrado esto [la irracionalidad de π], se puede extender hasta demostrar que las magnitudes circulares y logarítmicas no pueden ser raíces de ecuaciones racionales.

(citado en [Cantor IV 1908, p. 447, nota 6]; traducido por José Ferreirós).

supongan exponentes constantes.[128] Así por ejemplo[129] dado un arco de círculo racional o conmensurable al radio, la tangente, que hemos visto que es irracional, no podrá ser una raíz cuadrada de una cantidad racional. Ya que si el arco propuesto es $= \omega$, & hacemos $\text{tang}\,\omega = \sqrt{a}$, tendremos

$$t\omega^2 = \frac{\int \omega^2}{\cos \omega^2} = \frac{1 - \cos 2\omega}{1 + \cos 2\omega} = a,$$

de donde se sigue

$$\cos 2\omega = \frac{1-a}{1+a},$$

ahora bien siendo esta cantidad racional, se sigue que el arco 2ω es irracional, lo que es contrario a la hipótesis, es claro que haciendo $\text{tang}\,\omega = \sqrt{a}$, la cantidad a no podrá ser racional, & que por lo tanto la tangente de un arco racional cualquiera no es una raíz cuadrada de una cantidad racional.

§. 91. Una vez demostrado este teorema en toda su universalidad, se seguirá que la circunferencia del círculo no pudiendo ser expresada por

[128]Al haber tenido dificultades con la comprensión de este párrafo y con su traducción, se indica a continuación el texto original:

> Ce théoreme semble devoir être démontré de ce que les quantités transcendentes dépendent de
>
> $$e^x,$$
>
> où l'exposant est variable, au lieu que les quantités radicales supposent des exposans constans.

La razón de ser de esta afirmación, tal y como se ha traducido, podría venir motivada de lo que Lambert ha demostrado anteriormente, a saber, que las potencias racionales de e no pueden ser racionales. La generalización sería la no algebraicidad, de ahí la afirmación. De hecho, un primer paso hacia este resultado lo muestra en el siguiente párrafo para la tangente, el otro tipo de cantidades trascendentes que incluye en el enunciado del teorema que acaba de enunciar.

[129]Para respaldar su conjetura, demuestra el siguiente caso particular: $\tan v \neq \sqrt{q}$ con v y q racionales. La conclusión es que $\tan v$ (con v racional) no es un irracional cuadrático.

cantidad radical alguna, ni por cantidad racional alguna, no habrá manera de determinarla por construcción geométrica alguna. Ya que todo lo que se puede construir geométricamente corresponde a las cantidades racionales & radicales;[130] & aunque dista mucho de que estas últimas puedan construirse en general.[131] Es claro que será lo mismo para todos los arcos de círculos donde la longitud o los dos puntos extremos vengan dados, sea por cantidades racionales, sea por cantidades radicales. Ya que, si la longitud del arco es dada, habrá que encontrar sus dos puntos extremos, empleando la cuerda, el seno, la tangente, o cualquier otra línea recta que, para poder construirse, será siempre dependiente o reducible a una de las lineas que acabo de nombrar. Pero si la longitud del arco viene dada por cantidades racionales o radicales, estas líneas serán trascendentes, & con ello irreducibles a cantidad racional o radical alguna. Será lo mismo si los puntos extremos del arco vienen dados, con ello quiero decir por cantidades racionales o radicales. Ya que, en este caso, la longitud del arco será una cantidad trascendente: lo que quiere decir irreducible a cantidad racional o radical alguna, & por ello no admite ninguna construcción geométrica.[132]

[130]Justo aquí Lambert conecta la (conjeturada) trascendencia de π con la imposibilidad de cuadrar el círculo: no se puede cuadrar el círculo porque requeriría que π pudiese construirse geométricamente, lo cual no ocurre porque es trascendente. [Serfati 2018, 183] resume así lo acertado y pionero de este razonamiento:

> El procedimiento aquí descrito es precisamente el que ofrecerán Wantzel, después Hermite y luego Lindemann. Lambert aparece aquí como un visionario irreprochable.

[131]Es decir, todo lo que es construible es algebraico, pero no al revés ([Serfati 2018, 183]).

[132]Para terminar el trabajo, Lambert deja más claro que nunca que el término «trascendente» denota cantidades que no son raíces de ecuaciones, y que ser trascendente implica no ser construible.

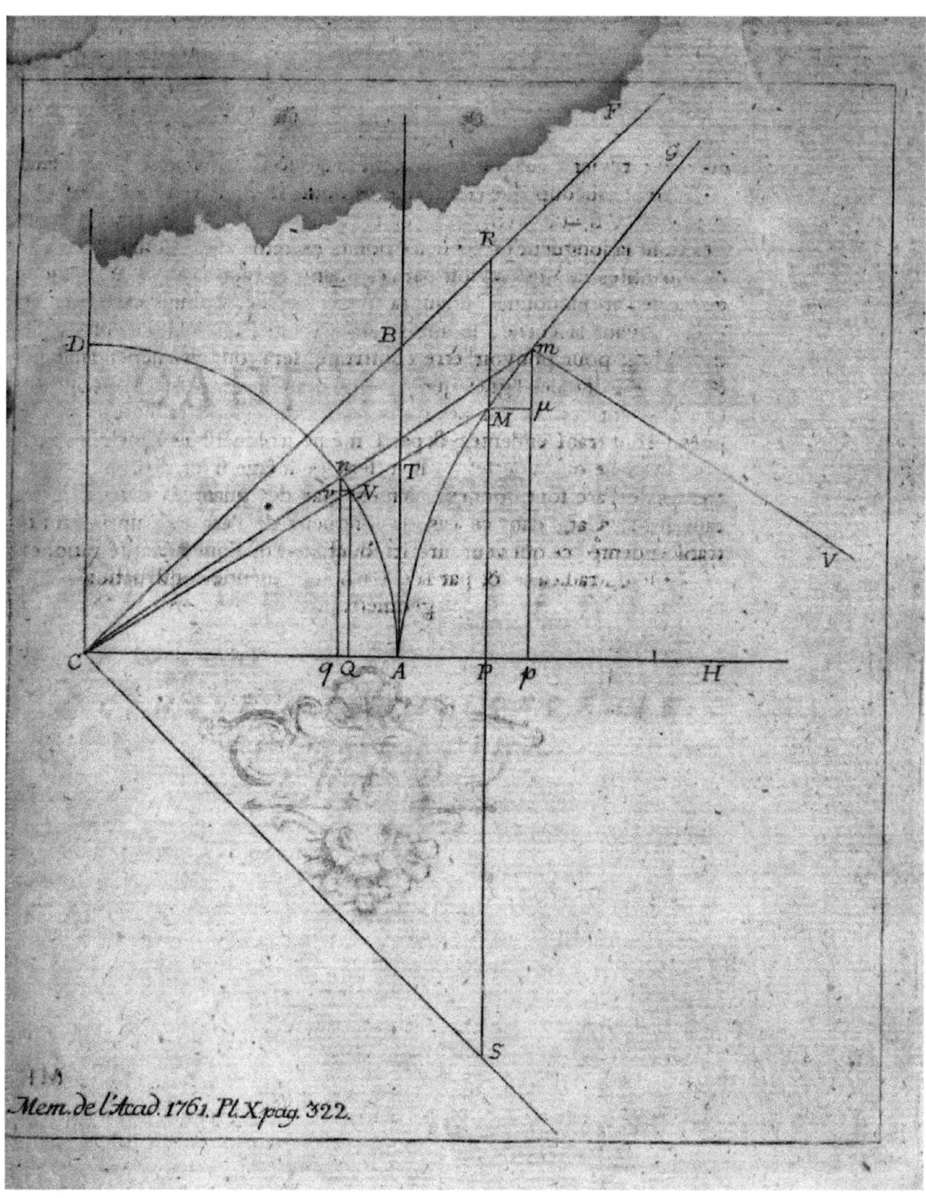

Figura 5.1: Lambert incluye esta figura al final de su artículo, y es la que usa en la parte del trabajo en la que muestra la parametrización de la hipérbola equilátera (en *HathiTrust Digital Library*).

Apéndice A

Sobre el retrato de Lambert

Lambert, una persona «con una fisonomía muy particular», nunca quiso que se le hiciese un retrato.[1] Al parecer, Johann III Bernoulli, buen amigo del savant, hizo una caricatura que publicó en 1786 afirmando que guardaba un buen parecido.[2] Dicha caricatura debió ser la base para el retrato de cuerpo entero —parte izquierda de la imagen[3]— diseñado por el pintor alemán y director de la Academia de Arte de Berlín, Daniel Chodowiecki, y que pasaría a ser gravado en Berlín en 1812 por Daniel Berger. El artista Pierre Roch Vigneron agrandó la parte superior de esta estampa para su diseño en conmemoración del centenario del nacimiento de Lambert en 1828, diseño que finalmente pasaría a ser litografiado por el mulhusiano G. Engelmann.[4] La primera vez que aparece publicada dicha imagen es en 1828 en las actas de la ceremonia celebrada en Mulhouse con motivo del centenario del nacimiento de Lam-

[1] [Jaquel 1969, p. 302].

[2] [Gray 2007, p. 84 nota 5].

[3] En el *Catalogue général Gallica*. El originial en la *Bibliothèque nationale et universitaire de Strasbourg*.

[4] Ver [Jaquel 1969, p. 302] y [Jaquel 1967/68] (agradezco la amabilidad de Eliane Michelon de los *Archives de Mulhouse* por haberme facilitado de manera totalmente desinteresada este último trabajo).

bert.[5] En 1829 aparece reproducida en [Huber et al. 1829], «un volumen que durante todo el siglo XIX será la obra de base sobre Lambert»[6], y es la que hasta hoy se usa en la mayoría de los trabajos sobre el savant (parte derecha de la imagen). En la base de dicha litografía, se incluyen unas líneas en edición facsimilar del propio puño de Lambert que expresan «vigorosamente, incluso con elegancia, las convicciones teleológicas del savant»:[7]

> Entre todos los cuerpos de nuestra Tierra, los cuerpos orgánicos son lo que se producen más frecuentemente y más fácilmente... Todo lo que dispone en el mundo de los medios más abundantes debe considerarse como parte de los objetivos de la Creación.

[5] *Gedächtnissfeier von Johann Heinrich Lambert begangen in Mühlhausen den 27ten August 1828*, Beschrieben durch Franz Christian Joseph, evangelischen Pfarrer zu Mühlhausen und Sekretär des Lambert'schen Vereins, 1828 (ver [Jaquel 1967/68]).

[6] [Jaquel 1977, p. 5].

[7] [Jaquel 1967/68]. Jaquel transcribe el original alemán y da la traducción en francés, que es la que he usado para la versión en español.

Apéndice B

Notas de Andreas Speiser

A continuación se proporciona la traducción de las notas que A. Speiser incluye en su edición de la *Mémoire* de Lambert. Las notas a pie de página son aclaraciones hechas por quien escribe estas líneas.

Notas al punto §. 7. [Speiser 1946–1948, p. 115].

1) Original: par.[1] A.S.

2) Original: impar. A.S.

Notas al punto §. 8. [Speiser 1946–1948, p. 116].

1) Las fórmulas deberán ser escritas de la manera siguiente:[2]

[1]El sentido tanto de esta nota como de la siguiente es que Speiser hace la corrección en el cuerpo principal del texto. Otras veces mantiene la errata y hace la corrección en la nota a pie de página.

[2]Nótese que estas expresiones y las que se ofrecen en este traducción anotada son equivalentes ($4n + 1 = m$).

$$R^{4n+1} = -\frac{2^{4n+1}(1\cdot 2\cdots(4n+1))}{(8n+3)!}v^{4n+2} + \frac{2^{4n+1}(2\cdot 3\cdots(4n+2))}{(8n+5)!}v^{4n+4} -$$

$$R^{4n+2} = -\frac{2^{4n+2}(1\cdot 2\cdots(4n+2))}{(8n+5)!}v^{4n+3} + \frac{2^{4n+2}(2\cdot 3\cdots(4n+3))}{(8n+7)!}v^{4n+5} -$$

$$R^{4n+3} = +\frac{2^{4n+3}(1\cdot 2\cdots(4n+3))}{(8n+7)!}v^{4n+4} - \frac{2^{4n+3}(2\cdot 3\cdots(4n+4))}{(8n+9)!}v^{4n+6} +$$

A.S.

Notas al punto §. 11. [Speiser 1946–1948, p. 117].

1) En base a las correcciones indicadas en la nota precedente.[3] A.S.

Notas al punto §. 19. [Speiser 1946–1948, p. 122].

1) Edición original aquí y en las fórmulas siguientes:[4] $a^n = \frac{1}{(2n+1)w - a^{n+1}}$ Corregido por A.S.

Notas al punto §. 34. [Speiser 1946–1948, p. 131].

[3] La corrección que hace en el cuerpo principal del texto es:

$$\pm r^n = -\frac{2^n \cdot m \cdot (m+1)\cdot(m+2)\cdot\cdots\cdot(n+m-1)v^{n+2m-1}}{1\cdot 2\cdot 3\cdot 4\cdots(2n+2m-1)}$$

$$\pm r^{n+1} = -\frac{2^{n+1}\cdot m\cdot(m+1)(m+2)\cdots(n+m)v^{n+2m}}{1\cdot 2\cdot 3\cdot 4\cdots(2n+2m+1)}$$

$$\pm r^{n+2} = -\frac{2^{n+2}\cdot(m-1)\cdot m\cdot(m+1)\cdots(n+m)\cdot v^{n+2m-1}}{1\cdot 2\cdot 3\cdot 4\cdots(2n+2m+1)}$$

[4] La corrección que hace es:

$$a^n = \frac{1}{(2n+3)w - a^{n+1}}$$

La única diferencia es que Speiser varía la fórmula y mantiene los superíndices y en esta traducción se ha optado por mantener la fórmula de Lambert cambiando los superíndices.

1) Edición original:[5]

$$1 \ + \ \frac{1}{1\cdot 2}+\frac{1}{9\cdot 61}+\frac{1}{61\cdot 540}+\frac{1}{540\cdot 5879}+$$

$$+ \ \frac{1}{5879\cdot 75587}+\frac{1}{75587\cdot 1147426}+\text{etc.}$$

Corregido por A.S.

Notas al punto §. 55. [Speiser 1946–1948, p. 139].

1) Edición original: racional. Corregido por A.S.

Notas al punto §. 72. [Speiser 1946–1948, p. 144].

1) Aquí, Lambert se equivoca. La fracción siguiente es la de la $\cot v$, mientras que la fracción del final del parágrafo es la de la $\tan v$.[6] A.S.

Notas al punto §. 73. [Speiser 1946–1948, p. 146].

[5]Hay una errata en el texto principal en la que yo no había reparado. Speiser con la lucidez que lo caracteriza da cuenta de él y lo incluye en el cuerpo principal:

$$1 \ + \ \frac{1}{1\cdot 2}+\frac{1}{2\cdot 9}+\frac{1}{9\cdot 61}+\frac{1}{61\cdot 540}+\frac{1}{540\cdot 5879}+$$

$$+ \ \frac{1}{5879\cdot 75887}+\frac{1}{75887\cdot 1132426}+\&\text{c.}$$

[6]Si el lector quiere comprobar que efectivamente esa es la fracción continua de la tangente, no necesita más que comprobar que las convergentes que obtiene son las mismas, algo que verá claro truncando dicha fracción continua de la siguiente forma:

$$\frac{1}{(w-1)+\frac{1}{1}},\ \frac{1}{(w-1)+\frac{1}{1+\frac{1}{(3w-2)+\frac{1}{1}}}},\ \text{etc.}$$

Si Lambert incluye más convergentes, es porque está truncando dicha fracción continua de la siguiente forma:

$$\frac{1}{w-1},\ \frac{1}{(w-1)+\frac{1}{1}},\ \frac{1}{(w-1)+\frac{1}{1+\frac{1}{(3w-2)}}},\ \frac{1}{(w-1)+\frac{1}{1+\frac{1}{(3w-2)+\frac{1}{1}}}},\ \text{etc.}$$

1) Esta fracción se encuentra en la memoria de *Euler* De fractionibus continuis dissertatio,[7] § 30 Ver las Opera Omnia de *Euler*, series I, vol. 14, pg. 210. A.S.

Notas al punto §. 88. [Speiser 1946–1948, p. 157].

1) Se pueden esclarecer los enunciados un poco enigmáticos de este parágrafo de la manera siguiente: La ecuación entre u y v es

$$\frac{e^u - e^{-u}}{e^u + e^{-u}} = \frac{1}{i}\frac{e^{iv} - e^{-iv}}{e^{iv} + e^{-iv}} \quad \text{o bien} \quad \text{tang.hyp}\, u = \text{tang}\, v$$

Poniendo iv en lugar de u y iu en lugar de v, la ecuación queda igual. Las dos fórmulas

$$\text{tang.hyp}\, u = \text{tang}\, v \qquad y \qquad \text{tang.hyp}\,(iv) = \text{tang}\,(iu)$$

son por lo tanto equivalentes.[8]

Por otro lado, puesto que:

$$\frac{1}{a_1 + \cfrac{1}{a_2 + \ddots}} = a_1 + \frac{1}{a_2 + \ddots}$$

resultará fácil ver cómo pasa de una a otra dado que la tangente y la cotangente son funciones inversas.

[7]Hay traducción al inglés [Euler 1744] (dicha fracción continua aparece concretamente en el punto 30).

[8]Y si estas dos fórmulas son equivalentes, Lambert puede evitar ya tratar con radios imaginarios, tal y como [Barnett 2004, p. 24] comenta que quería hacer.

Bibliografía

[Aarsleff 1989] AARSLEFF, H. (1989). The Berlin Academy under Frederick the Great. *History of the Human Sciences*, Vol. 2, No. 2, pp. 193–206.

[Abardia et al. 2012] ABARDIA, J., REVENTÓS, A., RODRÍGUEZ, C. J. (2012). What did Gauss read in the Appendix? *Historia Mathematica*, Vol. 39, Num. 3, pp. 292–323.

[Andersen 2007] ANDERSEN, K. (2007). *The geometry of an art: the history of the mathematical theory of perspective from Alberti to Monge.* New York: Springer.

[Arndt et al. 2001] ARNDT, J.; HAENEL, C. (2001). *Pi - Unleashed.* Germany: Springer.

[Ayoub 1980] AYOUB, R. (1980). Paolo Ruffini's contributions to the quintic. *Archive for History of Exact Sciences*, Vol. 23 (3), pp. 253–277.

[Baltus 2003] BALTUS, C. (2003). Continued Fractions and the first proofs that pi is irrational. *Communications in the Analytic Theory of Continued Fractions*, Vol. XI, pp. 5–24.

[Barlow 1814] BARLOW, P. (1814). *A new mathematical and philosophical dictionary: comprising an explanation of terms and principles of pure and mixed mathematics, and such branches of natural philosophy as are susceptible of mathematical investigation. With historical sketches of the rise, progress and present state of the several departments of these sciences, and an account of the discoveries and writings of the most celebrated authors, both ancient and modern.* London: G. and S. Robinson [etc].

[Barnett 2004] BARNETT, J. H. (2004). Enter, stage center: the early drama of the hyperbolic functions. *Mathematics magazine*, Vol. 77, Num. 1, pp. 15–30.

[Beckmann 1971] BECKMANN, P. (1971). *A history of* π. New York: Dorset Press.

[Begehr et al. 1998] BEGEHR, H. G. W.,KOCH, H.,KRAMER, J., SCHAPPACHER, N., THIELE, E.-J. (eds.) (1998). *Mathematics in Berlin.* Berlin: Birkhäuser.

[Bergin 2001] BERGIN, J. (eds.) (2001). *The seventeenth century: Europe 1598-1715.* Oxford: Oxford University Press. Referencias a la traducción española: Bergin, J. (ed.) (2002). *El siglo XVII: Europa 1598-1715.* Traducido por Antonio Desmonts. Barcelona: Crítica.

[Berggren 1997] BERGGREN, L., BORWEIN, J., BORWEIN, P. (eds.) (1997). *Pi: A source book.* New York: Springer

[Bermúdez 2009] BERMÚDEZ, C. G. (2009). *Georg Cantor. Sistemas de números y conjuntos.* Universidad de A Coruña.

[Betts 2018] BETTS, J. (2018). *Marine Chronometers at Greenwich: A Catalogue of Marine Chronometers at the National Maritime Museum, Greenwich.* Oxford University Press/National Maritime Museum Greenwich.

[Blanning 2000] BLANNING, T. C. W. (eds.) (2000). *The eighteenth century: Europe 1688-1815.* Oxford: Oxford University Press. Referencias a la traducción española: Blanning, T. C. W. (eds.) (2002). *El siglo XVIII: Europa 1688-1815*. Traducido por Omar Rodríguez. Barcelona: Crítica.

[Boistel 2016] BOISTEL, G. (2016). *L'astronomie nautique au XVIIIe siècle en France: tables de la Lune et longitudes en mer*. Thèse de doctorat, Université de Nantes.

[Bokhove et al. 2020] BOKHOVE N. W.; EMMEL A. (2020). *Johann Heinrich Lambert. Philosophische Schriften. Supplement: Johann Heinrich Lamberts Monatsbuch. Teilband 2*. Hildesheim, Zürich, New York: Olms 2020.

[Bopp 1924] BOPP, K. (1924). *Leonhard Eulers und Heinrich Lamberts Briefwechsel aus den manuskripten herausgegeben*. Aus den Abhandlungen der Preussischen Akademie der Wissenschaften, Phys.-Math. Klasse, Nr. 2, Berlin.

[Boyer 1968] BOYER, C. (1968). *A History of Mathematics*. New York: Wiley International Edition.

[Brezinski 1991] BREZINSKI, C. (1991). *History of Continued Fractions and Padé Approximants*. Berlin: Springer.

[Bullynck 2008/2009] BULLYNCK, M (2008/2009). Johann Heinrich Lambert (1728-1777) Collected Works - Sämtliche Werke Online. `http://www.kuttaka.org/~JHL/JHLHistory.html`.

[Bullynck 2009] BULLYNCK, M (2009). Decimal Periods and their Tables: A German Research Topic (1765-1801). *Historia Mathematica*, 36 (2), pp.137-160.

[Cajori 1893] CAJORI, F. (1893). *A History of Mathematics*. London: Macmillan.

[Cajori 1927] CAJORI, F (1927). Frederick the Great on Mathematics and Mathematicians. *The American Mathematical Monthly*, Vol. 34, No. 3, pp. 122–130.

[Calcut 2006] CALCUT, J. S. (2006). Rationality of the Tangent Function. *http://www2.oberlin.edu/faculty/jcalcut/tanpap.pdf.*

[Calinger 2016] CALINGER, R. S. (2016). *Leonhard Euler: mathematical genius in the Enlightenment.* Princeton: Princeton University Press.

[Campe 1809] CAMPE, J. H. (1809). *Wörterbuch der deutschen Sprache.* Dritter Theil, L -bis -R. Braunschweig.

[Cantor IV 1908] CANTOR, M. (1908). *Vorlesungen über Geschichte der Mathematik, Vierter Band.* Leipzig B.G. Teubner.

[Chambers 1728] CHAMBERS, E. (1728). *Cyclopædia: or, An Universal Dictionary of Arts and Sciences*, Volume the First. London: James & John Knapton *et al.*

[Chrystal II 1906] CHRYSTAL, G. (1906). *Algebra: an elementary textbook for the higher classes of secondary schools and for colleges, Part II, Second edition.* London: A. & C. Black.

[Clark 1764] CLARK, S. (1764). *"Historical Account of the Proceedings relative to the Discovery of the Longitude", An Easy Introduction to the Theory and Practice of Mechanics.* London.

[Clemm 1768] CLEMM, H. W. (1768). *D. Heinrich Wilhelm Clemms, öffentlichen Professors auf der Universität Tübingen etc. mathematisches Lehrbuch, oder vollständiger Auszug aus allen so wohl zur reinen als angewandten Mathematik gehörigen Wissenschaften, nebst einem Anhang oder kurzen Entwurf der Naturgeschichte und Experimentalphysik.* Zweyte verbefferte und vermehrte Auflage. Stutgart: Johann Benedict Mezler.

[De Causans 1754] DE CAUSANS, J.-L. (1754). *Eclaircissement definitif de M. le Chevalier de Causans, sur la quadrature du cercle.*

[De Lagny 1719/1721] DE LAGNY, T. F. (1719/1721). Sur la Quadrature du Cercle, & sur la mesure de tout Arc, tout Secteur, & tout Segment donné. *Histoire de l'Académie Royale des Sciences.* Paris: Imprimerie Royale, pp. 135–145.

[De Messanges 1686] DE MESSANGES, C. M. (1686). *Le grand et fameux problême de la quadrature du cercle.* Paris: Jean Baptiste Coignard.

[De Morgan 1872/2015] DE MORGAN, A. (1872/2005). *A Budget of Paradoxes.* United Kingdom: Cambridge University Press.

[Dou 1970] DOU, A. (1970). Logical and historical remarks on Saccheri's Geometry. *Notre Dame Journal of Formal Logic*, Num. 4, pp. 385–415.

[Dou 1992] DOU, A. (1992). Orígenes de la geometría no euclídea: Saccheri, Lambert y Taurinus. *Historia de la Matemática en el siglo XIX (1ª parte)*, pp. 43–63.

[Durán et al. 2000] DURÁN GUARDEÑO, A. J., PÉREZ FERNÁNDEZ, F. J. (eds) (2000). *Introducción al Análisis de los Infinitos por Leonhard Euler.* Tomo 1. Sevilla: SAEM «Thales» y Real Sociedad Matemática Española.

[Ebbinghaus et al. 1988] EBBINGHAUS, H. D., HERMES, H., HIRZEBRUCH, F., KOECHER, M., MAINZER, K., NEUKIRCH, J., PRESTEL, A., REMMERT, R. (1988). *Zahlen* (2nd edition). Referencias a la traducción inglesa (1995): *Numbers.* New York: Springer.

[Engel et al. 1895] ENGEL, F., STÄCKEL, P. (1895). *Die theorie der parallellinien von Euklid bis auf Gauss: eine urkundensammlung zur vorgeschichte der nichteuklidischen geometrie.* Leipzig: B.G. Teubner.

[Español et al. 2008] Español, L., Fernández Moral, E. (2008). Euler, Rey Pastor y la sumabilidad de series. *Quaderns D'Història De L'Enginyeria*, Vol. IX, pp. 183–203.

[Euler 1744] Euler, L. (1744). De fractionibus continuis dissertatio. *Commentarii academiae scientiarum Petropolitanae*, Volume 9, pp. 98–137. Referencias a la traducción inglesa: Wyman, M. F., Wyman, B. F. (1985). An Essay on Continued Fractions. *Math. Systems Theory*, Num. 18, pp. 295–328.

[Euler 1748] Euler, L. (1748). *Introductio in analysin infinitorum*. Tomus Primus. Lausannae: Marcum-Michaelem Bousquet & Socios.

[Euler 1785] Euler, L. (1785). De relatione inter ternas pluresve quantitates instituenda. *Opuscula Analytica 2*, pp. 91–101. Referencias a la traducción inglesa: Euler, L. (2010). On Establishing a Relationship Among Three or More Quantities. Translated into English by Geoff Smith. `http://Eulerarchive.maa.org/`.

[Ferreirós 1995] Ferreirós, J. (1995). De la "Naturlehr" a la física: factores epistemológicos y factores socioculturales en el nacimiento de una disciplina científica. *Arbor*, pp. 9–61.

[Ferreirós 2015] Ferreirós, J. (2015). *Mathematical Knowledge and the Interplay of Practices*. Princeton University Press.

[Fischer 1795] Fischer, J. C. (1795). *Anfangsgründe der Feldmeßkunst*. Jena: Kröker.

[Glaisher 1871] Glaisher, J. W. L. (1871). On Lambert's Proof of the Irrationality of π, and on the Irrationality of certain other Quantities. *Report of the British Association for the Advancement of Science, 41st. Meeting, Edinburgh*, pp. 12–16.

[Gray et al. 1978] Gray, J. J., Tilling, L. (1978). Johann Heinrich Lambert. *Historia Mathematica*, Num. 5, pp. 13–41.

[Gray 2007] GRAY, J. (2007). *Worlds out of nothing. A course in the history of geometry in the 19th century.* London: Springer.

[Fuentes Guillén 2017] FUENTES GUILLÉN, E. (2017). *The Germanic Development of the Pre-Modern Notion of Number. From c. 1750 to Bolzano's* Rein analytischer Beweis. PhD, Universidad de Salamanca.

[Hankins 1988] HANKINS, T. L. (1985). *Science and the Enlightenment.* Cambridge; New York: Cambridge University Press. Referencias a la traducción española: Hankins, T. L. (1988). *Ciencia e Ilustración.* Traducción de Alfredo Messa Giró. Madrid: Siglo veintinuo de España editores, s.a.

[Heath 1897] HEATH, T. (1897). *The Works of Archimedes.* Cambridge: Cambridge University Press.

[Heath II 1908] HEATH, T. (1908). *The thirteen books of Euclid's Elements. Translated from the text of Heiberg, Vol II, Books III– IX.* Cambridge, The University Press.

[Hermann 1988] HERMANN, U. (1988). Educación y formación durante la Ilustración en Alemania. *Rev. Educ.*, Num. extra 1, pp. 119–132.

[Holcroft Vol. 11 1789] HOLCROFT, T. (1789). *Posthumous works of Frederic II. King of Prussia, Vol.11. Letters between Frederick II and M. D'Alembert.* Translated from the french by Thomas Holcroft, London: Printed for G.G.J. and J. Robinson.

[Holcroft Vol. 12 1789] HOLCROFT, T. (1789). *Posthumous works of Frederic II. King of Prussia, Vol.12. Letters between Frederick II and Mess. D'Alembert, De Condorcet, Grimm and D'Arget.* Translated from the french by Thomas Holcroft, London: Printed for G.G.J. and J. Robinson.

[Hormigón 1994] HORMIGÓN, M. (1994). *Las Matemáticas en el siglo*

XVIII. Madrid: Ed. Akal.

[Huber et al. 1829] HUBER, D., GRAF, M., ERHARDT, S. (1829). *Johann Heinrich Lambert, nach seinem leben und wirken, aus anlass der zu seinem andenken begangenen secularfeier in drei abhandlungen dargestellt.* Basel.

[Hutton 1815] HUTTON, C. (1815). *A philosophical and mathematical dictionary.* New ed. with additions. London.

[Jaquel 1967/68] JAQUEL, R. (1967/68). Légende du portrait de Lambert de 1828. *Bulletin des professeurs du lycée d'Etat de garçons de Mulhouse*, n° 4, 1967/68, pp. 79–80.

[Jaquel 1969] JAQUEL, R. (1969). Vers les Oeuvres complètes du savant et philosophe J.-H. Lambert (1728-1777): velléités et réalisations depuis deux siècles. *Revue d'histoire des sciences et de leurs applications*, tome 22, n° 4, pp. 285–302.

[Jaquel 1973] JAQUEL, R. (1973). Le problème nuancé de la Nationalité du «Leibniz alsacien» Jean-Henri Lambert (1728-1777). *Extrait du Bulletin du Musée historique de Mulhouse*, tome CXXXI, pp. 81–109.

[Jaquel 1977] JAQUEL, R. (1977). *Le savant et philosophe mulhousien Jean-Henri Lambert (1728–1777). Etudes critiques et documentaires.* Paris: Éditions Ophrys.

[Jones 1706] JONES, W. (1706). *Synopsis Palmariorum Matheseos: or, A New Introduction to the Mathematics: Containing the Principles of Arithmetic & Geometry Demonstrated, In a Short and Easie Method.* London: J. Mathews.

[Juhel 2009] JUHEL, A. (2009). Lambert et l'irrationalité de π (1761). *Bibnum [En ligne]*: http://journals.openedition.org/bibnum/651.

[Kästner 1758] KÄSTNER, A. G. (1758). *Anfangsgründe der Arithme-*

tik, Geometrie, ebenen und sphärischen Trigonometrie. Göttingen: Witwe Vandenhoeck.

[Kindleberger 2006] KINDLEBERGER, C. P. (2006). *A financial history of Western Europe.* London: Routledge.

[Klein 1983] KLEIN, M. (1983). Euler and Infinite Serie. *Mathematics Magazine*, Vol. 56, pp. 307–314.

[Klemme et al. 2016] KLEMME, H., KUEHN, M. (eds.) (2016). *The Bloomsbury dictionary of eighteenth-century German philosophers.* New York: Bloomsbury Publishing Plc.

[Lalanne 1882] LALANNE, L. (1882). *Oeuvres de Lagrange: t.13 Correspondance inédite de Lagrange et d'Alembert, publiée d'après les manuscrits autographes et annotée par L. Lalanne.* Paris: Gauthier-Villars.

[Lambert 1755] LAMBERT, J. H. (1755). Tentamen de vi caloris, que corpora dilatat ejusque dimensione. *Acta Helveticae physico-mathematico-anatomico-botanico-medica*, Band II, pp. 172–242.

[Lambert 1758] LAMBERT, J. H. (1758). *Les propriétés remarquables de la route de la lumière par les airs et en général par plusieurs milieux réfringens, sphériques et concentriques.* La Haye.

[Lambert 1759] LAMBERT, J. H. (1759). *Die Freye Perspective, Oder Anweisung, Jeden Perspektivischen Aufriss Von Freyen Stucken Und Ohne Grundriss Zu verfertigen.* Zürich.

[Lambert 1760] LAMBERT, J. H. (1760). *Photometria sive de mensure et gradibus luminis colorum et umbra.* Basel.

[Lambert 1761a] LAMBERT, J. H. (1761). *Insigniores orbitae cometarum proprietates.* Augsburg.

[Lambert 1761b] LAMBERT, J. H. (1761). *Cosmologische Briefe über die Einrichtung des Weltbaues*. Augsburg.

[Lambert 1761/1768] LAMBERT, J. H. (1761/1768). Mémoires sur quelques propriétés remarquables des quantités transcendantes, circulaires et logarithmiques. *Mémoires de l'Académie royale des sciences de Berlin*, pp. 265–322.

[Lambert 1764] LAMBERT, J. H. (1764). *Neues Organon oder Gedanken über die Erforschung und Bezeichung des Wahren und dessen Unterscheidung vom Irrthum und Schein*, 2 Bände. Leipzig.

[Lambert 1765] LAMBERT, J. H. (1765/1767). Discours du M. Lambert. *Mémoires de l'Académie royale des sciences de Berlin*. pp. 506–514. Referencias a la traducción española: Arana, J. (1993). Discurso sobre la física experimental natural. Johann Heinrich Lambert. Traducción e introducción de Juan Arana. *Thémata Revista de Filosofía*, Num. 11, 1993, pp. 199–215.

[Lambert 1766/1770] LAMBERT, J. H. (1766/1770). Beyträge zum Gebrauche der Mathematik und deren Anwendung II. *Berlin, Band II in zwei Theilen*, 1766/1770.

[Lambert 1766/1786] LAMBERT, J. H. (1766/1786). Theorie der Parallel-Linien. *Leipziger Magazin für reine und angewandte Mathematik, Band I*, pp. 137–164; 325–358.

[Lambert 1768/1770] LAMBERT, J. H. (1768/1770). Observations trigonométriques. *Mémoires de l'Académie royale des sciences de Berlin*, pp. 327–354.

[Lambert 1779] LAMBERT, J. H. (1779). *Pyrometrie oder vom Maaße des Feuers und der Wärme*. Berlin.

[Legendre I 1794] LEGENDRE, A. M. (1794). *Éléments de géométrie, avec des notes*. F. Didot (Paris).

[Lemmermeyer et al. I 2015] LEMMERMEYER, F., MATTMULLER, M. (eds.) (2015). *Correspondence of Leonhard Euler with Christian Goldbach: Volume 1.* Basel: Springer.

[Mahoney 2000] MAHONEY, M. (2000). *The mathematical realm of nature.* In: D. Garber & M. Ayers (Eds.). *The Cambridge History of Seventeenth-Century Philosophy.* Cambridge: Cambridge University Press.

[Maor 2013] MAOR, E. (2013). *Trigonometric delights.* Princeton, N.J.: Princeton University Press.

[Martín et al. 2007] MARTÍN, D., MENÉNDEZ, R. (2007). La Objetividad en el Romanticismo: El Empirismo Imaginativo en J.H.Lambert y en J.W.Ritter. *Llull*, vol. 30, pp. 295–318.

[Maseres 1758] MASERES, F. (1758). *A Dissertation on the Use of the Negative Sign in Algebra.* London: Samuel Richardson.

[Mieg 1939] MIEG, P. (1939). Les origines de la famille Lambert de Mulhouse. *Bulletin de la Société d'Histoire et de Sciences Naturelles de Mulhouse*, N° 4, pp. 26–30.

[Montucla 1799] MONTUCLA, J.-E. (1799). *Histoire des mathématiques*, Tome Quatrieme. Paris: Henri Agasse.

[Oberle 1985] OBERLE, R. (1985). Un tricentenaire: la Révocation de l'Edit de Nantes, l'Alsace et Mulhouse. *Extrait du Bulletin historique Ville de Mulhouse*, tome 1, pp. 9–25.

[Parker 1997] PARKER, G. (ed.) (1997) *The Thirty Years' War.* 2nd edition. London: Routledge & Kegan Paul. Referencias a la traducción española: Parker, G. (2003). *La Guerra de los Treinta Años.* Traducción de Daniel Romero Álvarez. Madrid: Antonio Machado Libros.

[Petrie 2009] PETRIE, BRUCE J. (2009). Euler, Lambert, and the Irrationality of e and π. *Proceedings of the Canadian Society for History and Philosophy of Mathematics*, Vol. 22, pp. 104–119.

[Preuss 1850] PREUSS, J. D. E. (1850). *Oeuvres de Frédéric le Grand, v. 16.* Berlin: Imprimerie royale.

[Richards 2006] RICHARDS, J. L. (2006). Historical Mathematics in the French Eighteenth Century. *Isis*, Vol. 97 (4), pp. 700–713.

[Rodríguez 2006] RODRÍGUEZ, C. J. (2006). La importancia de la analogía con una esfera de radio imaginario en el descubrimiento de las geometrías no-euclidianas. *Prepublicacions Departament de Matemàtiques UAB*, pp. 1–48.

[Roper 2017] ROPER, L. (2017). *Martin Luther: Renegade and Prophet.* New York: Random House. Referencias a la traducción española: Roper, L. (2017). *Martín Lutero. Renegado y Profeta.* Traducido por Sandra Chaparro. Barcelona: Taurus.

[Rudio 1892] RUDIO, F. (1892) *Archimedes, Huygens, Lambert, Legendre. Vier Abhandlungen über die Kreismessung. Deutsch Hrsg. und mit einer Übersicht über die Geschichte des Problemes von der Quadratur des Zirkels, von den ältesten Zeiten bis auf unsere Tage.* Leipzig: B.G. Teubner.

[Saccheri 1733] SACCHERI, G. (1733). *Euclides ab Omni Naevo Vindicatus.* Referencias a la traducción inglesa: Saccheri, G. (2014). *Euclid Vindicated from Every Blemish.* Edited and Annotated by Vincenzo De Risi. Translated by G.B. Halsted and L. Allegri. Basel: Birkhäuser.

[Schubring 2005] , SCHUBRING, G. (2005). *Conflicts between Generalization, Rigor, and Intuition. Number Concepts Underlying the Development of Analysis in 17–19th Century. France and Germany.* New York: Springer.

[Scriba 1973] SCRIBA, CHR. J. (1973). Lambert. *Dict. Scient. Biogr.*, vol. 7, pp. 595–600.

[Serfati 1992] SERFATI, M. (1992). *Quadrature du cercle, fractions continues et autres contes. Sur l'histoire des nombres irrationnels et transcendants aux XVIII et XIX siècles.* Brochure A.P.M.E.P., n° 86.

[Serfati 2018] SERFATI, M. (2018). *Leibniz and the invention of mathematical transcendence.* Stuttgart: Franz Steiner Verlag.

[Sherwin 1706] SHERWIN, H. (1706). *Mathematical Tables.* London: Richard Mount y Thomas Page.

[Sheynin 2010] SHEYNIN, O. (2010). *Portraits Leonhard Euler, Daniel Bernoulli, Johann-Heinrich Lambert.* Compilado y traducido por Oscar Sheynin, Berlín.

[Sitzmann 1909] SITZMANN, E. (1909). *Dictionnaire de biographie des hommes célèbres de l'Alsace: depuis les temps les plus reculés jusqu'à nos jours. Tome 2.* F. Sutter (Rixheim).

[Society of Gentlemen 1754] SOCIETY OF GENTLEMEN (1754). *A New and Complete Dictionary of Arts and Sciences*, Vol. I. London: W. Owen.

[Sorensen 2010] SORENSEN, H. K. (2010). *The Mathematics of Niels Henrik Abel: Continuation and New Approaches in Mathematics During the 1820s.* RePoSS: Research Publications on Science Studies 11. Aarhus: Centre for Science Studies, University of Aarhus.

[Speiser 1946–1948] SPEISER, A. (1946–1948). *Iohannis Henrici Lamberti Opera mathematica.* Turici: in aedibus Orell Füssli.

[Steck 1970] STECK, M. (1970). *Bibliographia Lambertiana, Ein Fuhrer durch das gedruckte und ungedruckte Schrifttum und den wissens-*

chaftlichen Briefwechsel von Johann Heinrich Lambert 1728-1777, Neudruck mit Nachtragen und Erganzungen. Hildesheim.

[Stollberg-Rilinger 2018] STOLLBERG-RILINGER, B. (2018). *Das Heilige Römische Reich Deutscher Nation. Vom Ende des Mittelalters bis 1806.* C. H. Beck. Referencias a la traducción española: Stollberg-Rilinger, B. (2020). *El Sacro Imperio Romano-Germánico. Una historia concisa.* Traducción del alemán por Carlos Fortea. La Esfera de los Libros, S. L.

[Struik 1969] STRUIK, D. J. (1969). *A Source Book in Mathematics, 1200-1800.* Harvard University Press.

[Thiébault I 1806] THIÉBAULT, D. (1806). *Original ancedotes of Frederick the Great, king of Prussia, and of his family, his court, his ministers, his academies, and his literary friends v. 1.* Philadelphia: Printed at the office of the United States gazette for I. Riley & co.; New York.

[Thiébault II 1806] THIÉBAULT, D. (1806). *Original ancedotes of Frederick the Great, king of Prussia, and of his family, his court, his ministers, his academies, and his literary friends v. 2.* Philadelphia: Printed at the office of the United States gazette for I. Riley & co.; New York.

[Van Ceulen 1615] VAN CEULEN, L. (1615). *De arithmetische en geometrische fondamenten.* Leyden: Ioost van Colster, ende Iacob Marcus.

Índice alfabético

www.ingramcontent.com/pod-product-compliance
Lightning Source LLC
LaVergne TN
LVHW050517100826
845148LV00002B/364

9781848903593